www.sell-it-easy.de
Katalog-CD kostenlos
Alles für den Bau von historischen Modellen
Schiffsbaukästen
namhafter Hersteller wie Amati, Artesania Latina, Calder Craft, Constructo, Corel, Krick, Mantua Model, OcCre, Sergal
Bauteile
wie Leisten verschiedener Hölzer, Blöcke, Takelgarn, Beschläge ...
Baupläne und Literatur
Spezialwerkzeug
für den Schiffsmodellbau wie Wantenknüpfer, Leistenschneider, Plankenbieger, Spezialmessersets
Dampfantriebe
von Wilesco, Krick u.a.
Elektrofeinwerkzeug
von PROXXON für den Holz- und Metallmodellbau
SELL it
Foto: OcCre 2006
Jürgen Kraft
F.-W.-Raiffeisen-Str. 25 b • D- 52531 Übach-Palenberg • www.sell-it-easy.de
Tel.: 02451-628283 • Fax: 02451-628545 • e-mail: info@sell-it-easy.de
Autorisierter Fachhändler der PROXXON GmbH • Kostenlose Katalog-CD portofrei

Schwimmende Kunst
von Iva
Sehr gekonnte und einmalig ausgeführte, künstlerische Arbeiten.
Handwerklich gestaltete Schiffsmodelle im Stil des Rokoko.
Jachten und Königsschaluppen aus dem 18. Jh., wie auch eine
große, zum Thema passende Gemäldesammlung und Bibliothek
beherbergt das Schlössle-Museum in Kressbronn am Bodensee.
Schwimmende Kunstwerke von Ivan Trtanj
Seestraße 20
88079 Kressbronn a. B.
Telefon: 0 75 43/54 74 60
info@historische-schiffsmodelle.com
www.historische-schiffsmodelle.com
Öffnungszeiten von April bis Oktober
Dienstag–Sonntag von 10.00–12.00 Uhr
von 15.00–18.00 Uhr
Museumskatalog kann über E-Mail bezogen werden.

Wolfram zu Mondfeld

Enzyklopädie des historischen Schiffsmodellbaus

Titelübersicht

Band 1	Modelle und Vorkenntnisse
Band 2	Material und Werkzeug
Band 3	Der Rumpf
Band 4	Die Ausrüstung
Band 5	Boote und Kleinfahrzeuge
Band 6	Sichtbare Schiffsmaschinen
Band 7	Masten und Rahen
Band 8	**Taue, Blöcke und Segel**
Band 9	Stehendes Gut
Band 10	Laufendes Gut
Band 11	Allerlei Exoten
Band 12	Flaggen, Lexikon und Nachträge

Neckar-Verlag GmbH
78008 Villingen-Schwenningen

Der Autor:

Wolfram zu Mondfeld (mit vollem Namen Wolfram Prinz zu Löwenstein-Wertheim-Freudenberg-Mondfeld) gilt seit über 30 Jahren international als ***der*** Spezialist für historischen Schiffs- und Schiffsmodellbau. Bisher hat er 32 Bücher (in fast alle Weltsprachen übersetzt) veröffentlicht, zahllose Fachartikel zum Thema geschrieben und über 30 Modelle gebaut, die heute großteils im Deutschen Technikmuseum in Berlin ihren endgültigen Ankerplatz gefunden haben. Die Berliner Zeitung nannte ihn „Europas Modellbau-Papst". Die Welt fasste es so zusammen: „Der Autor erweist sich als Koryphäe für die Geschichte des Schiffbaus und Schiffsmodellbaus, wie es wohl keine andere gibt." 2003 wurde Wolfram zu Mondfeld für seine außerordentlichen wissenschaftlich-künstlerischen Leistungen mit dem Verdienstorden der Bundesrepublik Deutschland (Bundesverdienstkreuz) ausgezeichnet.

Die Herausgeberin:

Barbara zu Wertheim (Prinzessin zu Löwenstein-W.-F.-M.) ist seit einem Jahrzehnt mit dem Autor verheiratet. Sie ist eine ebenso kompetente Autorin, Herausgeberin und begeisterte Modellbauerin wie ihr Gatte.

Das Buch:

Die Enzyklopädie des historischen Schiffsmodellbaus ist Theorie und Praxis des historischen Schiffbaus, speziell aufbereitet für den Modellbauer – vom Anfänger bis zum Spitzenkönner.

In den 12 Bänden dieser Enzyklopädie kommen sämtliche irgendwie relevanten Themen zur Sprache: Quellen und Materialkenntnisse, Arbeitstechniken und Tricks, originale Bauformen, Proportionstabellen und Werkzeuge für Modelle, deren Zeitbogen sich vom mehr als 10.000 Jahre alten, eiszeitlichen Jägerfellboot bis zum Dampf-Segel-betriebenen Passagierschiff der Mitte des 19. Jahrhunderts, vom europäischen 74-Kanonen-Zweidecker und der eleganten Fregatte bis zur chinesischen Futschou-Dschunke zieht.

Ausgestattet mit Tausenden (buchstäblich!) von Zeichnungen, Ansichten und Rissen, sowie Hunderten von Fotos erstklassiger Modelle, mischt sich in dieser Enzyklopädie optimal das Wissen eines exzellenten Fachhistorikers mit den Kenntnissen eines nicht weniger brillanten Modellbauers, um für den Bau maßstäblicher und exakt detailgetreuer Schiffsmodelle das Rüstzeug zu vermitteln.

Wolfram zu Mondfeld

Enzyklopädie des historischen Schiffsmodellbaus

Herausgegeben von **Barbara zu Wertheim**

Band 8

Taue, Blöcke und Segel

Neckar-Verlag GmbH
78008 Villingen-Schwenningen

ISBN 978-3-7883-0697-7

Gestaltung und Layout: Wolfram zu Mondfeld und Barbara zu Wertheim

Printed by Baur-Offset, Lichtensteinstraße 76, 78056 Villingen-Schwenningen

Inhaltsverzeichnis

Burgundisch-flämisches Navire um 1425 mit Wappensegel und zwei Bonnets. (Modell von Wolfram zu Mondfeld, Reichling, im Deutschen Technikmuseum, Berlin)

Vorwort

Es ist wahrhaft erstaunlich, mit welcher Gewissenhaftigkeit manche Modellbauer ihre Rümpfe herstellen, wie akkurat jedes Detailchen der Ausrüstung ausgeführt ist, mit welchem Bienenfleiß in der Takelage Zurrings und Stroppen gelegt sind – und mit welcher Sorglosigkeit das nächstbeste (oder genauer: nächst-*schlechteste*) Takelgarn verwendet wird nebst unproportionierten, historisch absolut falschen Blöcken.

Es ist nicht, wie mehrfach schon betont, die Absicht dieser Enzyklopädie, die Hersteller von Modellbaukästen „niederzumachen" – einige dieser Kästen verdienen (zumindest im vorgegeben wirtschaftlichen Rahmen) tatsächlich das Prädikat *„sehr gut"*, auch wenn diese leider immer noch die Minderzahl sind.
Aber auch „Plan"-Modellbauer sündigen da oftmals recht hemmungslos!
Gewiss, irgendwo her muss man sein Takelgarn beziehen. Und die Aussicht, 300 bis 500 Blöcke und Jungfern nebst bis zu 150 Belegnägel, die man zum Auftakeln eines Dreimasters benötigt, selber herstellen zu müssen, lässt so manchen Modellbauer (auch den Autor) erschreckt zurückzucken.
Wenn man dann freilich weiß, wo und bei wem man (zumindest in der Regel) sein optimales Takelgarn bekommt und wer zumindest den allergrößten Teil der benötigten Blöcke liefern kann, dann schrumpft dieses Problem auf handhabbare Größe, auch wenn man vereinzelte Sonderformen von Blöcken eben doch selbst anfertigen muss.

Das gravierendste Problem freilich sind die Segel!

Nichts kann ein Modell so mühelos „versauen" wie falsch gemachte Segel, machen sie doch einen wesentlichen Teil der optischen Modellfläche aus!
Dabei ist, sie *richtig* zu machen, gar nicht so kompliziert – so man denn nur weiß *wie!*

Wie in früheren Bänden schon erwähnt, sind gelegentlich Wiederholungen gewisser Fakten nicht völlig zu vermeiden. Ich halte sie aber in speziellen Zusammenhängen für sinnvoller, als die Benutzer dieser Enzyklopädie mit Querverweisen beständig kreuz und quer durch das Dutzend verschiedene Bände zu hetzen.

Textil-Taue

Das Thema wurde grundsätzlich bereits in Bd. 2 Material und Werkzeug angesprochen.
Hier nun also in voller Länge:

Hanftaue

Original wurden im europäischen Raum Taue meistens aus Hanf gefertigt und auf der „Reeperbahn" (= Seilschlägerei) geschlagen. Dabei wurde das Grundmaterial zunächst zu dünnem „Garn" oder „Marlings" zusammengedreht. So gedrehte – *geschlagene* – Stricke wurden als „Kardeel" bezeichnet. Drei Garne oder Marlings ergaben eine „Leine". Gewöhnlich je drei Leinen (es konnten freilich bis zu fünf sein) ergaben ein „Tau", und drei Taue schließlich ein „Kabel", wie es für Anker verwendet wurde. Damit sich die *Taue* nicht aufdrehten, wurde abwechselnd „rechts" und „links" geschlagen, wobei sich die einzelnen Kardeele besser ineinander verflochten. So waren beispielsweise Ankertrossen stets „links" geschlagen.
Das Problem dabei ist, dass es industriell gefertigte Taue nur *rechts*geschlagen gibt. In der Regel ist dies kein ernsthaftes Problem, da ohnehin entweder das gesamte oder zumindest der allergrößte Teil des Tauwerks rechtsgeschlagen war – und an Ankertrossen braucht man meist nur so kurze Stücke, dass man sie auch von Hand links schlagen kann.
Generell wichtig ist, dass das gesamte Takelgarn (wie das Taumaterial in der Modellbauersprache gewöhnlich genannt wird) einen sichtbaren „Schlag" aufweist, d. h., dass man sieht, dass es aus mehreren Kardeelen zusammengedreht wurde.

Aus zunächst dünnem Garn und dann aus dem immer dickeren Material wurden – abwechselnd rechts und links gedreht – auf der Reeperbahn die Taue geschlagen.

Rechts geschlagenes Tau

Links geschlagenes Tau

Die Maße für Tauwerk in alten Büchern bezieht sich immer auf den Umfang (Radius × π = Umfang). Da der heutige Modellbauer jedoch sehr viel lieber mit Durchmessern rechnet (diesen mit einer Schieblehre zu messen ist ja auch sehr viel einfacher) sollte er – grob gerechnet – das alte Maß durch 3 ($\pi = 3{,}14$) teilen, um den Durchmesser zu erhalten.

Rechts geschlagen – links geschlagen

Hier eine Aufstellung der wichtigsten Tautypen (in ihrer Dicke aufsteigend):

Garn	rechts geschlagen – Bänsel laufendes Gut, Bekleidung von Tauen
Marling	rechts geschlagen – Bänsel stehendes Gut
Leine	rechts geschlagen – Flaggleine, Webeleine
Tau	rechts geschlagen – laufendes Gut
	rechts geschlagen – stehendes Gut backbord (1530 – 1750)
	links geschlagen – stehendes Gut steuerbord (1530 – 1750)
Pferdeleine	links geschlagen – kleine Anker
Trosse	links geschlagen – große Anker

Andere Materialien

Bast oder Lianen ergaben mitunter durchaus brauchbare Taue – dazu ein bisschen mehr in Bd. 11 ALLERLEI EXOTEN.
Für den Modellbauer historischer Schiffsmodelle ist die Tatsache relevant, dass man in Süd- und Südostasien bei, auch für Europäer gebauten oder ausgerüsteten Schiffen, Tauen aus den durch Witterungseinflüsse fast unverwüstlichen Kokosfasern als Grundmaterial den Vorzug gab.
Da Kokosfasern etwas dunkler sind als Hanffasern, ist ein Modellbauer, der ein dort gebautes bzw. länger betriebenes Schiff erbaut, gut beraten, wenn er auch die Taue des laufenden Gutes ein wenig dunkler (aber wirklich nur „ein wenig"!) einfärbt.

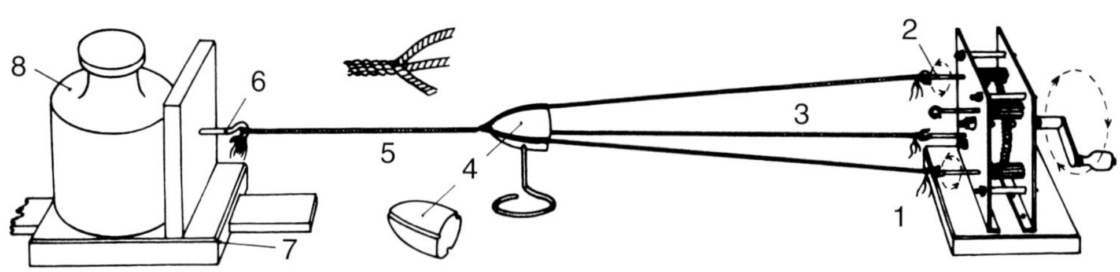

Modell-Reepschlägerei.
Vor allem für „links" geschlagenes Tauwerk fast unvermeidlich. Da (zumindest bislang im Handel nicht erhältlich) muss man sie sich selber bauen.
1. feststehender Kurbelteil, 2. durch entsprechend gesteuerte Zahnräder drehende Haken, 3. Kardeele, 4. Spindel, 5. Tau, 6. stehender Haken, 7. Schlitten (beim Schlagen verkürzt sich das Tau um etwa 1/3, 8. Gewicht, damit der Schlitten nicht allzu schnell voranrutscht.

Taue am Modell

In Bd. 2 Material und Werkzeug schon kurz angerissen, wird es hier Zeit, sich genauer mit diesem Thema zu beschäftigen, denn auf einem getakelten Modell machen sie einen wichtigen Teil des Gesamteindrucks und auch der angestrebten historischen Authentizität aus!

Bis Mitte des 19. Jahrhunderts waren Taue durchwegs aus textilem Material, in der Regel Hanf, gefertigt. So stellt sich für einen historisch gewissenhaften Modellbauer natürlich die Frage, wie er dieses Tauwerk (im Modellbauer-Deutsch „Takelgarn“ genannt) optimal darstellen kann.

Takelgarn-Material

Als Takelgarn für den Modellbau stehen zur Verfügung:

Hanf: Das ist zwar höchst original, für den Modellbau freilich oftmals viel zu steif und starr. Vernünftigerweise sollte man ein weicheres, geschmeidigeres Material wählen, um es problemlos über die Blöcke „scheren“ und vor allem dann entsprechend „ziehen“ zu können.
Baumwolle: Ist für Modelle ganz entschieden optimal. Baumwolle ist geschmeidig, normalerweise reißfest und lässt sich tadellos einfärben. Das meiner Erfahrung nach entschieden beste Takelgarn führen die Firmen Graupner und Corel (bekommt man in guten Modellbaugeschäften). Allerdings sind diese Taue ausschließlich rechts geschlagen. Was da sonst so angeboten wird, kann man in der Regel getrost vergessen.
Häkelgarn: Ist eine höchst brauchbare Alternative allzumal für dünne und sehr dünne Taue (bekommt man in Stoffgeschäften, die z. B. auch Wolle führen).
Kunstfaser: Davon muss dringend abgeraten werden. Kunstfasertaue mögen zwar durchaus so geschmeidig sein wie Baumwolltaue, aber sie entsprechend einzufärben stößt auf ernsthafte Probleme!
Nähseide: Zum Segelnähen, für dünnste Taue, Zurrings und Bänsel wird man vielfach um Nähseide nicht herumkommen, auch wenn Seide eigentlich zu sehr „glänzt“ (Nähseide bekommt man nahezu überall, wobei es sich empfiehlt, doch ein Stoffgeschäft aufzusuchen, da dieses meist ein größeres Farbsortiment bereithält). Bei der letztlich nur geringen erforderlichen „Fläche“ kann man dies tolerieren. Absolut ideal sind hier die Fäden, welche die Augsburger Firma Ackermann unter der Markenbezeichnung „Rasant“ herstellt, da diese nicht glänzen, sondern stumpf sind. Sie im Handel zu bekommen kann freilich auf gewisse Schwierigkeiten stoßen, doch als Modellbauer macht es durchaus Sinn hier hartnäckig zu bleiben!

Takelgarn-Farbe

„Weiße“ Taue gab es im Original ebenso wenig wie „weiße“ Segel – da wird vielfach auch auf ansonsten guten Modellen hemmungslos „gesündigt“ und damit das Aussehen des Modells bitter verdorben!

Blanke Taue: Originale Hanf-Taue des Laufenden Gutes wurden vielfach naturbelassen, d. h. sie zeigten einen Farbton von hellem Beige-Grau (eher mit Betonung auf Grau). Seit dem späten 16. Jahrhundert imprägnierte man solche Taue mitunter auch mit dem dünnflüssigen, mit Leinöl stark verdünnten „Stockholm-Teer", was dann die Farbe leicht nach Ocker verschob. Dies wurde freilich meist, wegen des Preises für den entsprechenden Teer, nur auf Staats-, d. h. Kriegsschiffen, gemacht.
Geteerte Taue: Um sie besser vor den Einflüssen von See und Wetter zu schützen, wurden die Taue des Stehenden Gutes sowie Bänsel und Zurrings *geteert*. Verwendet wurde hierzu der übliche Teer, der nur mit etwas Leinöl versetzt war, um ihn streichfähig zu machen, was den Tauen eine dunkel- bis schwarzbraune Farbe gab – nicht jedoch „Schwarz", wie das fälschlich auf vielen Modellen zu sehen ist!

Einfärben von Tauen

Wie schon gesagt waren Taue niemals „weiß". Sie müssen also im entsprechend erwünschten Farbton eingefärbt werden.
Dazu eignen sich (optimal und ausschließlich) Beizen, wobei in diesem Fall *Spiritusbeizen* eindeutig vorzuziehen sind, da sie leichter und tiefer in das Gewebe einziehen. Meiner Erfahrung nach, stellt die Firma CLOU die besten Beizen her – sowohl in Form von Pulverpäckchen zum selber Anrühren, wie in gebrauchsfertigen Flaschen, die man in jedem Baumarkt bekommt.

Taue einzufärben (da will ich gar nichts beschönigen) ist zwar kein schwieriges, aber ein ausgesprochen „schmutziges" Geschäft! Ziehen Sie also Gummihandschuhe an und tun Sie das an einem Platz (Tisch ebenso wie Boden), wo Sie einen Beizenfleck einigermaßen mühelos wieder entfernen können!

Praktisch: Das Tau wird zunächst in die entsprechende Beize ein bis zwei Minuten getaucht. Kleine Fläschchen sind dazu eher ungeeignet. Optimal sind z. B. die (natürlich gut ausgewaschenen) Gläser von löslichem Kaffee.
Mit einer entsprechend langen Pinzette wird das Tau zunächst eingetaucht und wieder herausgezogen und mit Küchenkrepp oder auch WC-Papier abgetrocknet, wobei die Feuchtigkeit trotzdem optimal in das Gewebe einzieht.
Dann wird das Tau nochmals in die Beize getaucht. Wieder herausgezogen streift man mit den Fingern die überschüssige Beize ab und hängt das Tau zum Austrocknen auf die Wäscheleine oder z. B. über einen langen Nagel in einem Regal.

Abflammen

Ein Problem bei Modell-Tauen (gleichgültig ob hell oder dunkel oder gar nicht gefärbten) ist, dass es da bei textilen Tauen aufstehende Fäserchen gibt, welche im entsprechenden Maßstab unseres Schiffmodellbaus ausgesprochen störend wirken.
Wie lässt sich dies vermeiden?

Leim, wie im 19. Jh. bei Seemannsmodellen oft verwendet wurde, macht die Taue extrem starr und auf längere Zeit gesehen auch brüchig. Malzbier klebt jene Fäserchen tatsächlich ganz gut an (freilich für wie lange?) und beim Scheren durch einen Block stehen sie ganz schnell wieder auf.
Um jene Fäserchen also tatsächlich so weit als möglich zu entfernen, werden sie am besten „abgeflammt". Dabei wird das fertig gefärbte Tau zunächst straff zwischen zwei Schraubstöcken eingespannt. Sodann führt man unter ihm – natürlich recht schnell! – die Flamme eines Gasfeuerzeugs (Benzinfeuerzeuge oder gar Kerzenflammen eigen sich da entschieden weniger) durch, wobei die feinen Fäserchen abbrennen, ohne dass das eigentliche Tau beschädigt wird.
Achtung: Bis man diese Technik beherrscht, sollte man unbedingt einen Probeversuch anstellen, denn wenn man die Flamme nur für den Bruchteil einer Sekunde zu lange unter ein Taustück hält, brennt dieses gnadenlos durch!
Und *auf gar keinen Fall* (!) sollte man bereits fertig getakelte Taue nochmals versuchen abzuflammen – es sei denn, man will riskieren, dass größere Teile der bereits montierten Takelage (oft binnen Sekunden!) in Flammen aufgehen! Das ist nicht nur dem Autor, sondern auch einigen seiner Spitzenmodellbauer-Freunde schon passiert!

Tauwerk vorbereiten

1. Das Garn in der voraussichtlich benötigten Länge großzügig (!) abschneiden.
2. Einfärben, durchtrocknen lassen und anschließend „abflammen".
3. Zwei- bis dreimal durch einen Wachsblock ziehen. Dabei ist es eigentlich gleichgültig, ob dies echtes Bienenwachs (vom Autor bevorzugt), im Heimwerkermarkt als Möbel-Korrekturstift bezeichnetes Hartwachs oder der Stummel einer abgebrannten Kerze ist.
4. Erneutes „Abflammen". Dabei werden nicht nur die letzten aufstehenden Fasern abgesengt, sondern das schmelzende Wachs dringt tief in die Gewebestruktur ein. Dies macht das Tau formstabil, ohne seine Geschmeidigkeit zu beeinträchtigen, so dass man es auch noch in „Buchten", die dann auch stehen bleiben, drücken kann.

Allerdings Vorsicht: *Massiv* gewachstes Tauwerk lässt sich nur noch schlecht mit Weißleim (z. B. PONAL) kleben. So die Klebestelle nicht zusätzlich mit Bänseln oder Zurrings gesichert ist, muss da wohl der von mir persönlich eher ungeliebte Sekundenkleber zum Einsatz kommen.

Takelgarn für den Modellbau (0,25 bis 2 mm Durchmesser) der Firma COREL.

Wurmen und Kleiden

Um das Tauwerk an besonders beanspruchten Stellen zu verstärken oder vor Abnützung (Schamfielen) zu schützen, wurde es gewurmt und/oder gekleidet. Wurmen und Kleiden sind eine Feinheit, die man nur auf wirklich guten Modellen finden kann, denn da steckt eine Menge an Zeit, Geduld und Sorgfalt dahinter, die so mancher Laie noch nicht einmal so recht zu würdigen weiß.

Wurmen

Seit dem 16. Jahrhundert wurde es üblich, Ankertrossen, Stage und teilweise Unterwanten mit „Würmern" zu versehen. Das waren dünne Schnüre, die in die Rillen der Kardeelschläge gewunden wurden.

Für den Modellbauer ist dies reine Handarbeit, für die es auch kein hilfreiches Maschinchen gibt.
Zunächst wird das entsprechende Tau rechts und links an seinen Enden in einen Schraubstock eingeklemmt. Achten Sie darauf, dass es möglichst straff gespannt ist (notfalls zwischendurch nachspannen), so tun Sie sich erheblich leichter.
Sodann werden an einem Ende mit einem Tröpfchen PONAL die Wurmschnüre in die ersten drei Kardeelrillen (praktisch alle im Modellbau verwendeten Taue sind dreikardeelig) eingeklebt, damit sie sich nicht sofort wieder aufdrehen. Und dann werden – am geschicktesten eine Hand über, eine unter dem Tau – die Wurmschnüre sauber und dicht, also straff, in die Kardeelrillen eingelegt.
Achtung: Die Wurmschnüre müssen mindestens eineinhalb mal (besser sogar doppelt) so lang sein wie das zu wurmende Tau, da sie ja um das Tau herumführen und damit beträchtlich an Länge verlieren. Persönlich, und das würde ich auch allen anderen Modellbauern raten, sichere ich die Würmer so etwa alle 1,5 cm mit einem Tröpfchen PONAL, der ja, wie öfter schon gesagt, völlig unsichtbar auftrocknet.
Tipp: Original wurde ein gewurmtes Tau mit den identischen Teermischungen bestrichen. Es gab also keine Farbunterschiede zwischen Tau und Wurm.
Persönlich bevorzuge ich allerdings in ein bereits fertig eingefärbtes Tau Würmer einzudrehen, die einen Tick (allerdings wirklich nur einen „Tick") heller sind. Das ist zwar nicht 100 % original, aber dadurch heben sich die Würmer doch ein wenig ab und sind, zumindest aus der Nähe, noch zu erkennen. Wozu sollte man sich einen Haufen Arbeit machen, die dann *wirklich* nicht mehr zu sehen ist ...

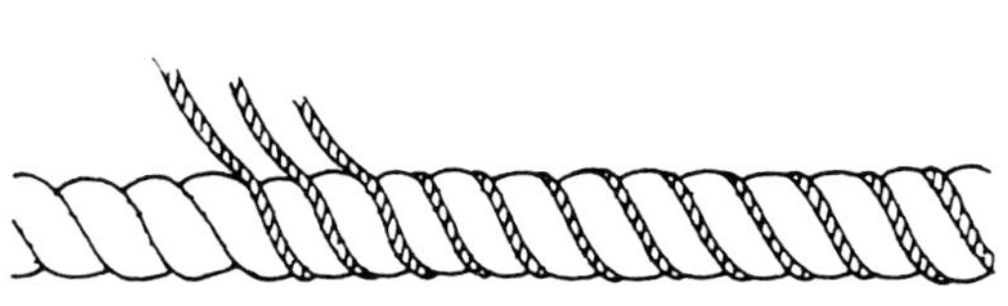

Taue wurmen.

Kleiden

An besonders problematischen Stellen wurden Taue teilweise schon seit dem späten 16. bzw. dem frühen 17. Jahrhundert obligatorisch „gekleidet“, um sie entsprechend zu schützen. Solche Stellen waren zunächst Wanten und Stage, dort wo sie um den Masttopp herumgeführt oder um Jungfern und Blöcke gelegt werden mussten.
Seit der zweiten Hälfte des 17. Jahrhunderts wurde jeweils auch das erste Wantenpaar, dort wo in der Praxis die Segel regelmäßig dagegen schlugen, etwas später auch z. B. Wasserstage entsprechend gekleidet.
Siehe hierzu auch Bd. 9 STEHENDES GUT.
Original wurde solch ein Tau zunächst gewurmt, um es möglichst „glatt“ zu machen. Dann mit einem Teerband umwickelt, das zusätzlich schützte. Schließlich mit Garn umwickelt und letztlich entsprechend geteert.

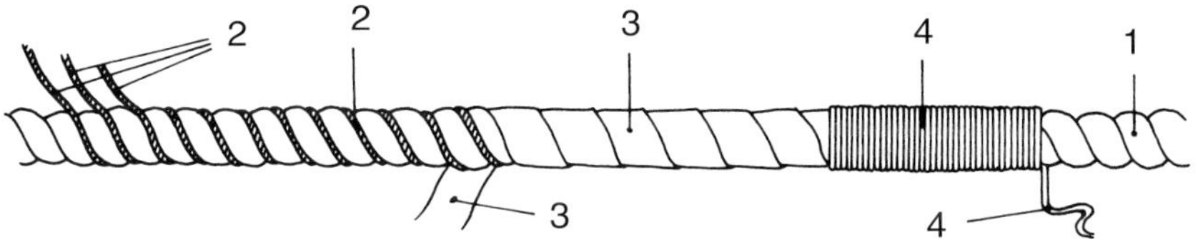

Tau kleiden Originalmethode: 1. Tau, 2. Wurmen, 3. Kleiden mit Teerbandstreifen, 4. Kleiden mit Schiemannsgarn.
Am Modelltau kann man 3., meist auch 2. weglassen.

Der Modellbauer kann sich zumindest ein bisschen die Sache leichter machen, d. h. Wurmen und Teerband einfach weglassen (das sieht ohnehin niemand). Was übrig bleibt, ist die eigentliche Arbeit des „Kleidens“, d. h. das Umwickeln des Taus mit feinem Garn. Dieses sollte, wie mehrfach schon gesagt, aber niemals „Schwarz“, sondern tief Dunkelbraun sein, denn Teer war nun einmal nicht *völlig Schwarz* (s. auch Kap. Taue am Modell).
Wie eben schon beschrieben spannt man das Tau an den Enden möglichst straff zwischen zwei Schraubstöcken ein. Und dann herum-herum-herum! Immerhin mag die (selbstgebaute) „Kleidkeule“ – entsprechenden historischen Originalen höchst ähnlich – dabei eine durchaus sinnvolle Hilfe sein.

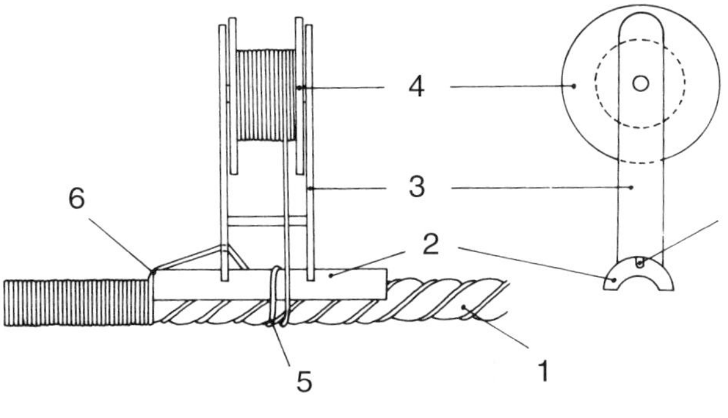

Kleidkeule für den Modellbau: 1. gewurmtes Tau, 2. Aufflieger, 3. senkrechte Stützen, 4. Fadenrolle, 5. Faden mit Schlag um das Tau, 6. Führungsschlitz für den Faden.

Knoten, Zurrings und Spleißen

Sie machen etlichen Modellbauern oft viel zu viel Gedanken und Probleme. Aber auch hier greift wieder einmal mein persönlicher Leitsatz: Auf einem Modell kann nicht alles genau so *sein* wie im Original – es muss nur so *aussehen!*

Knoten

Es sind ganze Bücher zu diesem Thema geschrieben worden: Über die geschicktesten, kompliziertesten „Seemannsknoten“, ersonnen auf langen Atlantik- oder gar Pazifikfahrten.
Für den Modellbauer sind derlei Knoten, von wenigen Ausnahmen wie etwa den beiden „Ankerknoten“ (s. Kap. Ankertrossen und Ankerketten) und gelegentlich Stopperknoten schlicht irrelevant. Einzelne Spezialknoten mag man ja, entsprechend verkleinert, noch im Modell nachvollziehen. Mehrheitlich sind aufwändige Spezialknoten jedoch im Modell ganz einfach optisch nicht mehr zu erkennen!
Für den Modellbauer gibt es somit weitestgehend nur fünf relevante Knoten:

Achterschlag (auch „Kopfschlag“ oder „Kreuzknoten“ genannt): Wichtig ist, dass die Tauenden jeweils auf der *gleichen* Seite der Gegenschlinge wieder herauskommen. Vorteil: Einmal festgezogen rührt sich dieser Knoten nicht mehr und hält eisern. Nachteil: Sollte das Tau beim Knoten zu locker geraten sein, dann kann man nicht mehr korrigieren. Da kann man nur das Ganze abschneiden und nochmals versuchen.

Achterschlag – hält unverrückbar.

Hausfrauenknoten – lässt sich noch nachziehen.

Hausfrauen-Knoten: Er ähnelt dem Achterschlag, nur kommen bei ihm die Tauenden über und unter der Gegenschlinge heraus. Vorteil: Dieser Knoten hält nicht 100-prozentig, sondern lässt sich noch verschieben (eine zu lockere Zurring lässt sich noch etwas nachziehen). Nachteil: Der Knoten hält nicht wirklich, er geht mitunter völlig auf.

Dreifachschlag – gab es original nicht. Für Modellbauer jedoch eine optimale Möglichkeit, um Knoten zunächst nachzuziehen und dann wirklich festzumachen.

Dreifach-Knoten: Ich liebe ihn! Zunächst setzte ich einen Hausfrauen-Knoten, den ich noch nachkorrigieren kann, und wenn der wirklich optimal sitzt, lege ich noch mal einen halben Schlag obenauf, um ihn endgültig zu sichern.

Webeleinenstek: Ist nichts anderes als ein vereinfachter Achterschlag (s. Bd. 9 STEHENDES GUT Kap. Webeleinen). Vorteil: Dieser Knoten zieht sich unter Belastung immer schärfer und fester zusammen ohne deshalb zu verrutschen.

Webeleinenstek
– vorzugsweise für die Webeleinen zwischen den Wanten verwendet (s. Bd. 9).

Mastwurf: Ist eigentlich nichts anderes als ein Hausfrauen-Knoten. Vorteil: Je mehr belastet, um so mehr zieht sich dieser Knoten zusammen. Nachteil: In der Regel nur bei Wanten im Mittelmeerraum verwendet.

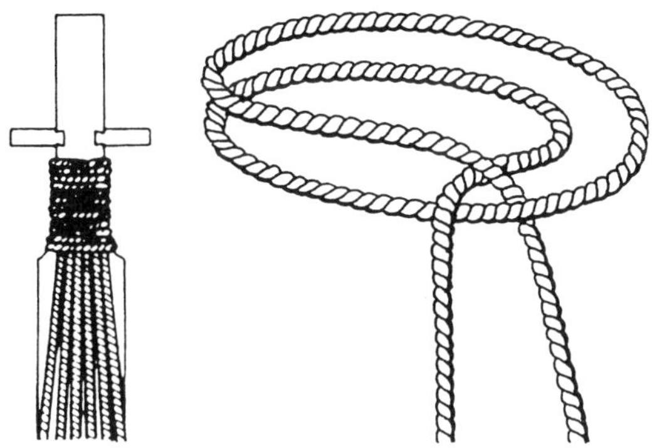

Mastwurf
– hauptsächlich im Mittelmeer verwendet, gelegentlich auch bei kleinen Masten in Nordeuropa.

Zurrings und Bänsel

Die mehrheitlich übliche Methode zwei Taue zu verbinden, war Zurren bzw. Bänseln, d. h. die Taue mit Hilfe eines dünneren Taus zusammenzubinden.
Eine Originalbänselung ist am Modell faktisch nicht durchzuführen. Man umwickelt die Stelle also mit einem dunklen (Zurrings bzw. Bänsel waren stets geteert) Faden, führt diesen schließlich ein- bis zweimal zwischen den Tauen quer über die Bänselung und verknotet es auf der Rückseite mit dem Fadenanfang. Zum Schluss noch ein Tröpfchen sichernden PONAL.
Grundsätzlich wurden auch alle Tauenden mit einer Zurring versehen, um ein Aufdrehen zu verhindern. Bei stärkeren Tauen ist dies am Modell kein Problem, bei sehr dünnen Tauen mag man sich da mit ein wenig dunkelbrauner Farbe behelfen.

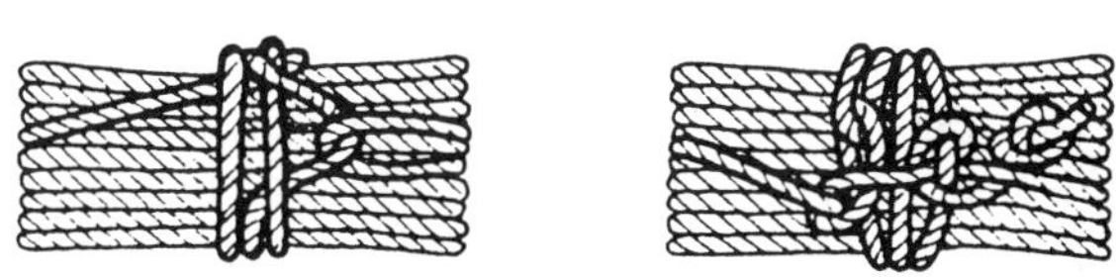

Zurring bzw. Bänsel original
– im Modellbau meist entsprechend vereinfacht.

Spleißen

Das heißt: Ein Tauende aufzudröseln und mit einem anderen ebenso behandelten Tauende so fest zusammen zu drehen und zu verbinden, dass daraus wirklich wieder *ein* Tau wird – eine mühsame und aufwändige Arbeit!
Folgt man einschlägigen Romanautoren, so war „Spleißen“ freilich die Dauerbeschäftigung aller Matrosen auf historischen Schiffen. Hätte ein Kapitän (der war dafür zuständig und verantwortlich) so schundiges Taumaterial eingekauft, dass es beständig riss und geflickt werden musste – wenn schon nicht die Mannschaft, so zumindest die Reederei hätte ihn „außenbords gekippt“.

Spleißen eines Legens original.

Seit dem 17. Jahrhundert spielte „Spleißen“ trotzdem eine immer größere Rolle. Nicht als Notbehelf für zerrissene Taue (wofür diese Methode ohnehin kaum Wert hatte), sondern bei durchaus bewussten Verbindungen von Tau zu Tau. Natürlich stets entsprechend „gekleidet“, etwa bei den Jungfernschlingen von Wanten oder Blockschlingen von Stagen. Das sah einfach *eleganter* aus ...

Für den Modellbauer ist „Spleißen“ schlicht irrelevant. Zum einen ist solch ein Spleiß nur unter größten Mühen herzustellen, und zum anderen verschwindet er dann ohnehin unter der Kleidung oder Bänselung, ist also nicht einmal mehr sichtbar.
Praktisch geht man am besten und nervenschonendsten so vor: Das zu spleißende Tauende wird zunächst kräftig mit PONAL behandelt, so dass es schön steif wird. Dann schneidet man es mit einem Skalpell schräg ab und klebt es mit der Schnittstelle an das andere Tau. Anschließend wird die Stelle entsprechend gekleidet bzw. gebänselt, was dem Spleiß die notwendige Zugsicherheit gibt und genau so aussieht wie ein „richtig gespleißtes“ Original.

„Spleißen“ eines Legens am Modell.

Stahl-Taue

Stahl-Taue kamen ab Mitte des 19. Jahrhunderts für das Stehende Gut zunehmend in Gebrauch, für das Teil des Laufenden Gutes teilweise ab 1870.

Struktur und Dimensionen

Da die einzelnen Kardeele (bis zu 9) sehr viel dünner waren, hatten Stahl-Taue keinen (zumindest auf einem Modell) sichtbaren Schlag. Der Durchmesser von Stahl-Tauen betrug stets $1/3$ des entsprechenden Hanf-Taus.

Aussehen

Obwohl erheblich zug- und reißfester als Hanf-Taue, hatten Stahl-Taue den Nachteil zu rosten, so man sie nicht entsprechend schützte. Aus diesem Grund wurden sie zunächst „gekleidet", später zumindest geteert.
Im Fachhandel gibt es sie in zahlreichen, für den Modellbau wünschenswerten, Durchmessern, außerdem kann man solche „Metall-Taue" auch selber aus dem Kern von „abgeschälten" Elektrokabeln herstellen.

Stahltaue am Modell

Die Verarbeitung dieser Materialien ist freilich eher aufwändig und eigentlich unsinnig, denn Textil-Taue, richtig behandelt, tun am Modell den gleichen Dienst. Sofern das Tau gekleidet war, sieht man ohnehin nicht mehr was „darunter" ist. Aber auch „blanke" Stahl-Taue lassen sich aus Textil-Tauen relativ leicht und täuschend echt im Modell darstellen. Da sie ja geteert waren, muss man das ohnehin eher dünne Tau nur in dunklem Schwarzbraun einfärben und eventuell die Struktur noch etwas mit PONAL glätten – fertig ist das perfekte, modellbauerisch jedoch sehr viel billigere und besser handhabbare, „Stahl-Tau". Vorzüglich eignet sich hierbei Häkelgarn, das ohnehin einen nicht allzu ausgeprägten Schlag hat.

Stahl-Tau.

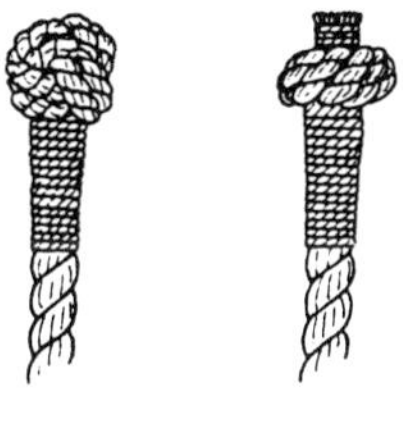

Links: Stopper- oder Kronknoten, wie er etwa bei Hals-Tauen oder Brassen (s. Bd. 10) benötigt wird.

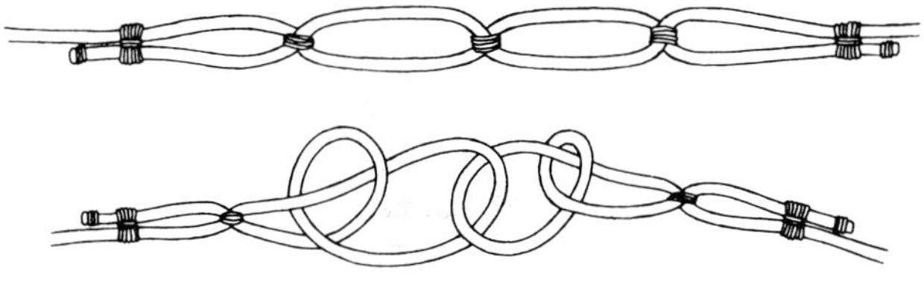

Verbindung langer Taue (etwa im Sturm zerrissener Wanten) – für den Modellbau in aller Regel irrelevant.

Lichtüberstrahlung

Das ist wieder einmal eines jener Themen, für die sich mein Freund Werner Zimmermann begeistert. Möge er es also selber erklären:
„Mancher Modellbauer hat sich schon darüber gewundert, dass sein Miniatur-Windjammer bei weitem nicht so filigran wirkt wie das Originalschiff im Hafen oder auf zeitgenössischen Fotografien. Dabei hat er sich doch Mühe gegeben und das Tauwerk ganz genau im Maßstab verkleinert. Trotzdem sieht alles irgendwie nicht „echt“ aus.
Dies liegt daran, dass der Betrachter bzw. die Kamera das Originalschiff meist so sieht, dass die Takelage vor einem hellen Himmelshintergrund steht. Dadurch werden Taue und Leinen und bis zu einem gewissen Grad auch Rundhölzer an ihren Außenkanten etwas überstrahlt und wirken dadurch dünner. Da man aber ein Modell normalerweise nicht gegen den Himmel hält, um es sich anzusehen, muss hier, wenn dieser Effekt berücksichtigt werden soll, das Tauwerk eben eine Spur dünner gewählt werden, als es dem Maßstab entsprechen würde. Das Modell wirkt dann realistischer, auch wenn Fundamentalisten jetzt bedenklich die Stirn runzeln.“

Wie weit man sich dieser Modellbau-Philosophie anschließen mag, das ist zweifellos jedem selber überlassen. Für „Fotorealisten“ mag dieser Aspekt allerdings tatsächlich durchaus bedenkenswert sein!

Grundsätzlich muss dazu vielleicht noch gesagt werden:
Man sieht in der Tat nicht wenige Modelle, die zumal im Bereich der Bram-, geschweige Royalsegel erheblich zu schwer und massiv getakelt sind. Und das sieht dann wirklich abscheulich plump aus! Dies hat aber nichts mit besagter Modellbauphilosophie zu tun, sondern ganz einfach damit, dass die historischen Taustärken nicht korrekt im Maßstab verkleinert wurden. Etliche Baukastenhersteller sparen da gern ein bisschen Takelgarnstärken ein nach dem Motto: „Was für ein Marssegel stimmt, das wird schon auch für ein Bramsegel passen – und der Modellbauer merkt das ja sowieso nicht ...“.

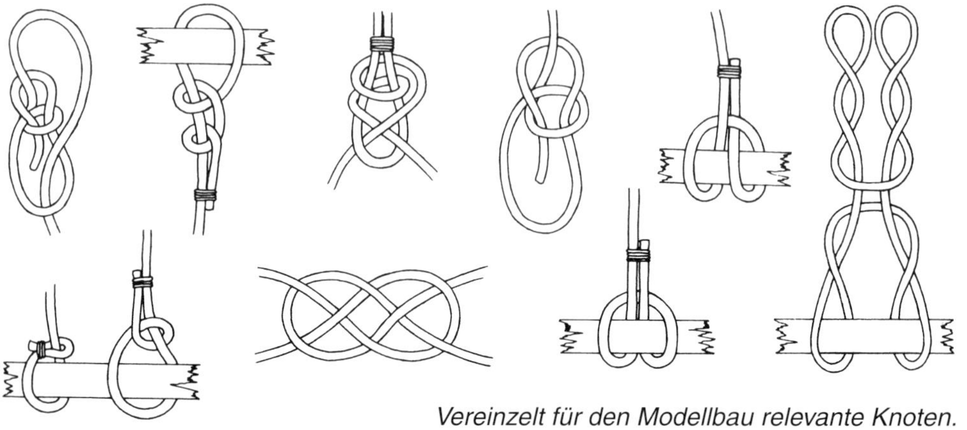

Vereinzelt für den Modellbau relevante Knoten.

Ketten

Seit der Mitte des 19. Jahrhunderts wurden mehr und mehr hochbelastete Taue durch Ketten ersetzt.

Ketten historisch

Entsprechend dimensioniert wurden sie seit dem Mittelalter beim Stehenden Gut teilweise als Püttings verwendet, seit dem frühen 19. Jahrhundert als Wasserstage und etwas später auch zunehmend beispielsweise als Hanger, Fallen, Fallenläufer oder Schoten. Die Stärke des Materials der Kettenglieder betrug etwa $^1/_5$ bis $^1/_6$ des entsprechenden Hanf-Taues.

Modellketten

Modellbaufirmen – etwa AERO-NAUT und KRICK – bieten *Messing*ketten an, in den verschiedensten Dimensionen von einer Materialstärke von 0,3 mm bis 1,5 mm, was einem Kettendurchmesser von rund 1 mm bis 5,25 mm entspricht.
Bis zu einer Materialstärke von 0,6 mm (2,1 mm Kettendurchmesser) gibt es nicht die mindesten Probleme, zumal sie sich mit Lüstersud (s. Bd. 2 MATERIAL UND WERKZEUG Kap. Metall färben) problemlos Schwarz färben lassen (falls sie das nicht ohnehin bereits fabrikmäßig sind).

Rüstketten an einer katalanischen Não Ende des 15. Jahrhunderts. Die Wanten sind, wie im Mittelmeer lange beliebt, mit Blöcken und Knebeln gesetzt. (Modell von Wolfram zu Mondfeld, Reichling, im Deutschen Technikmuseum, Berlin)

Schwierig wird es bei den dünnen Dimensionen, denn da die Messingketten nur gepresst und nicht gelötet sind, reißen sie oft schon bei leichtem Zug. Da ist es zweifellos sinnvoller, sich beim Juwelier ein entsprechendes *gelötetes Silber*kettchen zu beschaffen – das ist zwar entsprechend teuer, lässt sich aber mit Schwefelleber (s. Bd. 2 Kap. Metall färben) tadellos schwärzen und erspart dem Modellbauer eine Menge Ärger und Frust.

Doch auch diese Juwelier-Kettchen sind manchmal einfach noch zu dick, etwa wenn im 19. Jahrhundert Relings mit feinsten Ketten durchzogen wurden.
Werner Zimmermann hat da in seinem im Neckar-Verlag erschienenen Buch DAS *ETWAS ANDERE* SCHIFFSMODELL einen „heißen“ Tipp:
„Wo aber soll der Modellbauer Ketten mit einem Durchmesser von, sagen wir mal, 0,4 mm hernehmen? Die gibt es nämlich nicht! Hier hilft ein Material weiter, das zwar nicht für unser Hobby entwickelt wurde, aber dennoch alle Anforderungen an realistisches Aussehen erfüllt. In Schmuckgeschäften und Goldschmiede-Werkstätten wird ein Perlongarn zum Auffädeln von Perlen verwendet, das in Stärken bis etwa 1 mm und in mehreren Farben hergestellt wird. Dieses Garn ist derart geschlagen, dass es in seiner schwarzen Ausführung einer Kette zum Verwechseln ähnlich sieht und sich somit auch für Kettendarstellungen an Schiffsmodellen anbietet.
Leider ist dieses Garn nicht handelsüblich, Sie müssen also den Leuten in einem der vorgenannten Geschäfte gut zureden, damit diese Ihnen ein oder auch mehr 2-m-Briefchen (die übliche Länge) in der gewünschten Stärke und Farbe abgeben.
Etwas problematisch ist die Verarbeitung dieses Garns, denn sobald Sie es durchschneiden, schnellen sofort die Kardeele auf. Es müsste also, zumindest an den Schnittstellen, vorher mit flüssigem Sekundenkleber getränkt werden, wobei der Abschnitt sicherheitshalber mittels einer Flamme (Feuerzeug o. Ä.) verschmolzen werden sollte. Bitte dabei aufpassen, denn Sekundenkleber brennt, auch verfestigt, noch wie Zunder!“
Man braucht tatsächlich eine Lupe, um zu erkennen, dass dies keine originale „Kette“ ist. Dieses Garn gibt es in verschiedenen Stärken, wobei z. B. 0,4 eher noch zu den „gröberen“ gehört. Man sollte dieses Garn auch tatsächlich in der Farbe „Schwarz“ bestellen, denn Perlon mit hauseigenen Mitteln einzufärben ist extrem schwierig bis fast unmöglich.

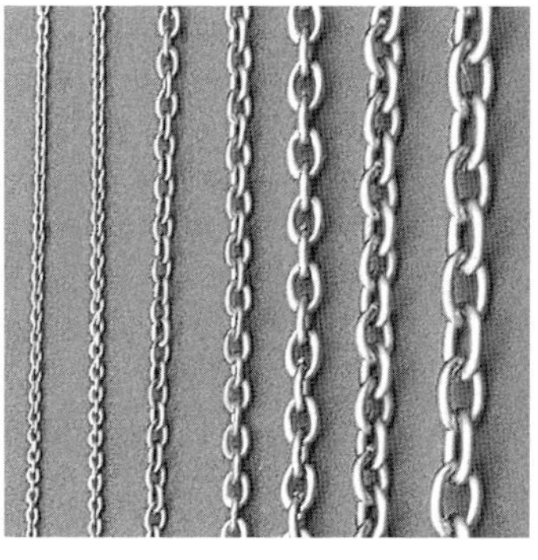

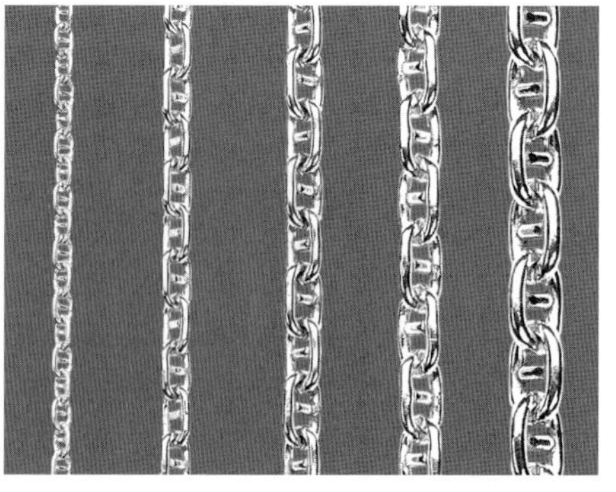

Modellketten normal von AERO-NAUT (links), Stegketten von KRICK (rechts).

Ankertrossen und Ankerketten

Die Ankertrossen waren mit Abstand die schwersten Taue auf einem Schiff, denn im Zweifelsfall hing buchstäblich die gesamte Sicherheit des Schiffes an ihnen.

Ankertrossen

Bis Mitte des 16. Jahrhunderts (und im Mittelmeer sogar vielfach bis ins 18. Jahrhundert hinein) war die Stärke der Ankertrossen mehr oder minder dem Augenmaß des Kapitäns überlassen. Seit der zweiten Hälfte des 16. Jahrhunderts begannen sich dann feste Regeln für Anzahl und Dimension der Ankertrossen durchzusetzen, die plus-minus so lange galten, wie Ankertrossen gefahren wurden.

Der Niederländer Cornelis van Yk gab in seinem 1697 erschienenen Buch DE NEDERLANDSCHE SCHEEPS-BOUW-KONST OPEN GESTELLT entsprechende Richtgrößen an: Die Berechnungsformel (natürlich in Amsterdamer Fuß gerechnet) für das Ankergewicht wurde bereits in Bd. 4 DIE AUSRÜSTUNG Kap. Anker angeführt: (Kiellänge + Hauptspantbreite) × Hauptspantbreite = Gewicht des Pflichtankers in Pfund.

Rechenbeispiel für ein Schiff von der Größe der WASA: „(135,5 Af. + 39,9 Af.) × 39,9 Af. = 6998,46 pf." Und in der Tat wurde bei der Hebung und der gründlichen Untersuchung durch Taucher des Unglücksplatzes der VASA 1959 bis 1967 ein Anker von 7060 Pfund beim Wrack der VASA auf dem Grund des Stockholmer Hafenbeckens gefunden – zweifellos deren Pflichtanker.

Nach van Yk hatte das Ankertau des Pflichtankers eine Dimension von „Ankergewicht in Pfund ÷ durch 400". Im konkreten Fall also 6998,46 ÷ 400 = 17,4 Duimen. Gefunden wurden im Wrack der VASA freilich nur ein eher unterdimensioniertes 15-Duimen- und ein 12-Duimen-Ankertau. Dass bei Bau und Ausrüstung dieses Schiffes seinerzeit gnadenlos geschlampt bzw. in die eigne Tasche gewirtschaftet wurde, hat der Autor in seinem Buch WASA – SCHWEDISCHES REGALSCHIFF VON 1628 (sehr zum Ärger mancher offizieller Stellen) schonungslos aufgedeckt. So zum Beispiel auch, dass in diesem *Königsschiff* eben überhaupt nur *zwei* Ankerkabel gefunden wurden, denn eigentlich hätten es erheblich mehr sein müssen.

Wie in Bd. 4 DIE AUSRÜSTUNG Kap. Anker schon gesagt, führten seit dem späten 16. Jahrhundert alle hochseegängigen Schiffe allermindestens fünf Anker. Pater Georges Fournier zählte für die sieben Anker der 1636 erbauten LA COURONNE folgende Ankertaue auf: Pflichtankertau von 59,6 cm Stärke, acht Taue zwischen 48,7 und 43,3 cm für die „Nebenanker" sowie sechs Warpankertaue von 21,6 bis 16,2 cm und endlich vier weitere, schwächere Reservetaue.

Angesteckt wurden die Ankertaue am Ankerring Pflichtanker mit dem Ankerknoten. War der Pflichtanker verloren gegangen und musste der Reserveanker aus dem Raum heraufgeholt werden, geschah diese sinngemäß an diesem. Auf großen Schiffen wurde dieser Knoten in der Regel auch bei Bug- und Vertäuankern verwendet. Bei kleineren Schiffen und den Warpankern verwendete man das Pferdeleinen- oder Wurfstek. Bei den im Mittelmeer äußerst beliebten Draggen verwendete man das Draggenstek.

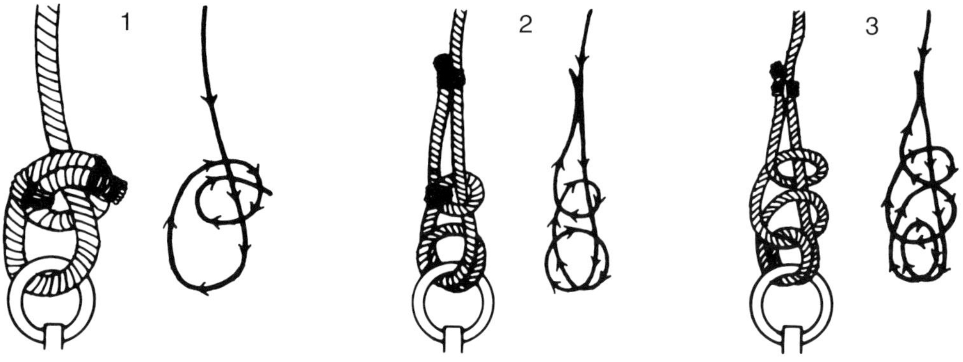

Ankersteks: 1. Ankerknoten für große Anker, 2. Pferdeleinen- oder Wurfstek, 3. Draggenstek. Taue 1. und 2 immer links, 3. oft rechts geschlagen.

Ankertaue am Modell

Erschrecken Sie jetzt bitte nicht ob dieser Anzahl an Ankertauen! Für den Modellbauer sind nämlich nur zwei, maximal drei relevant, der Rest lagerte von außen unsichtbar irgendwo unter Deck.
Definitiv waren nämlich nur die Taue für Pflichtanker (steuerbord) und Buganker (backbord) „angesteckt“. Die Reserveanker waren im tiefen Schiffsraum gelagert, also ebenfalls von außen nicht sichtbar. Die Taue für Vertäu- und Warpanker wurden erst im Bedarfsfall (den ein Modell in der Regel ja nicht zeigt) hervorgeholt und angebracht.

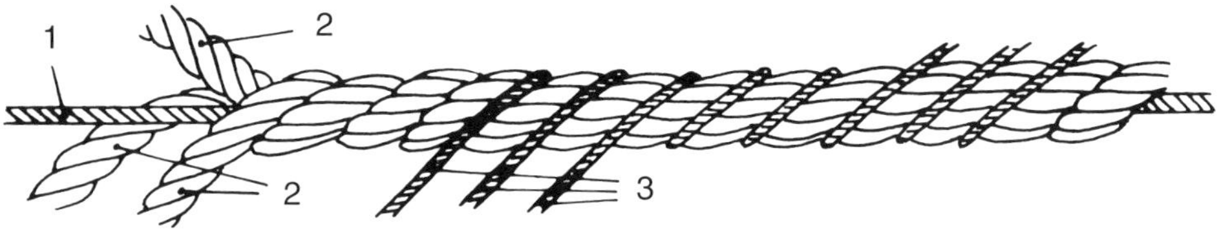

Handschlagen eines Ankertaus: 1. Seele, 2. Kardeeltaue, 3. Würmer.

Ankertaue waren seit dem 16. Jahrhundert meist, seit Anfang des 17. Jahrhunderts grundsätzlich *links* geschlagen, gewurmt und dunkel geteert.
Der Modellbauer, der über keine kleine Reepschlägerei verfügt, hat da nun zweifellos ein gewisses Problem, da es ja keine entsprechenden links geschlagenen Taue im Handel gibt. Mit folgendem Trick kann er aber doch zu seinem korrekten Ankertau kommen: Zunächst wird eher dünnes Garn straff zwischen zwei Schraubstöcken gespannt, das als „Seele“ dient. Um diese Seele wickelt man nun von Hand sorgsam die schon eingefärbten Kardeele des Ankertaus (einen Tick dünner nehmen als sie der Berechnung nach sein müssten, um die Stärke der Seele auszugleichen!). Entschieden sinnvoll ist es dabei, die Kardeele unten und seitlich ein wenig mit PONAL zu sichern, denn solch ein handgeschlagenes Tau ist nie so stabil gegen Aufdrehen wie ein maschinengeschlagenes.

Zudem ist es empfehlenswert, die Tauenden mit einer provisorischen Zurring zu sichern. Gewiss klingt dies recht mühsam, und das ist es auch, aber Sorgfalt und Geduld gehören ohnehin zu den unabdingbaren Eigenschaften eines Modellbauers, und schließlich sind es ja nur relativ kurze Taustücke, die auf diese Weise hergestellt werden müssen.

Tipp: Führen Sie die Ankertaue und Ankerketten schon ein und befestigen Sie diese im Inneren des Rumpfes *noch ehe* das Backdeck geschlossen wird! Sie später einzuführen und binnenbords, wo Sie ja nicht mehr hinkommen, zu befestigen kann sonst zu einem echten Problem werden!

Ankerketten

Sie ersetzten seit etwa 1830 zunehmend die Ankertaue und seit 1840 kamen jene „Stegketten" zunehmend in Gebrauch, wie sie noch heute auf Schiffen üblich sind. Ihre Stärke richtete sich nach der Schiffstonnage – s. Tabelle.

Segelschiffe Tonnen	Kettendicke mm	Belastbarkeit Tonnen	Kettenlänge Faden (m)	Dampfschiffe Tonnen
50	17,5	8,500	120 (222,24)	75
100	20,6	11,885	135 (256,02)	150
150	22,8	15,800	165 (305,58)	225
200	27,0	20,300	165 (305,58)	300
300	30,2	25,375	195 (361,14)	450
400	33,3	31,000	210 (388,92)	600
500	36,5	37,125	240 (444,48)	750
600	38,1	40,500	240 (444,48)	900
700	39,7	43,900	270 (500,04)	1050
800	41,3	47,500	270 (500,04)	1200
1000	44,4	55,150	270 (500,04)	1500
1200	46,0	59,125	270 (500,04)	1800
1400	47,6	63,250	270 (500,04)	2100
1600	49,2	67,500	270 (500,04)	2400
1800	50,8	72,000	270 (500,04)	2700
2000	52,4	76,500	270 (500,04)	3000
2500	55,6	86,125	300 (555,60)	3750
3000 und mehr	58,7	96,250	300 (555,60)	4500 und mehr

Die Tabelle ist nach den offiziellen Vorschriften von Lloyd's Register von 1860 erstellt, hatte aber auch davor schon mehr oder minder Gültigkeit.

Auffallend ist, dass für reine Segelschiffe erheblich stärkere Ketten vorgeschrieben waren, als für Schiffe, die über einen Dampfantrieb verfügten (obwohl zu jener Zeit auch „Dampfschiffe" noch weitgehend über eine Segeleinrichtung verfügten – s. dazu auch Bd. 6 Sichtbare Schiffsmaschinen). Dies hatte einen durchaus vernünftigen Grund: Brach solch eine Kette etwa bei einem auflandigen Sturm, dann hatte das Dampfschiff dank seiner vom Wind unabhängigen Maschinen durchaus noch eine reelle Chance dem Unheil zu entgehen, ein Segelschiff hingegen war in solch einer Situation hoffnungslos verloren. LLOYD'S REGISTER war seinerzeit die weltweit größte Versicherungsgesellschaft für Schiffe und hatte entsprechende Erfahrungen.

Ketten wurden in bestimmten, industriell vorgegebenen Längen hergestellt. Jede Länge endete in ein oder zwei Kopfgliedern ohne Steg, das mit einem Schäkel an die nächste Länge angesteckt wurde. Um zu vermeiden, dass sich die Kette verwickelte, wenn das Schiff schwoite (vor Anker liegend etwa im Gezeitenstrom drehte) verband man die einzelnen Längen mit einem Kettenwirbel.

Stegketten am Modell

Bis vor nicht langer Zeit gab es keine Stegketten im Fachhandel, und die Aufgabe, nun Kettenglied für Kettenglied die Stege in eine „Normal"-Kette einlöten zu müssen, ist der Albtraum jedes Modellbauers, auch wenn die tatsächlich am Modell benötigten Längen eher gering sind.
Inzwischen bieten einige Modellbaufirmen auch Stegketten an, so KRICK und AERO-NAUT. Die Preise sind zwar durchaus gesalzen, aber auch angemessen. Mehr als einen Meter braucht man auf einem Modell ja ohnehin kaum, es sei denn, man käme auf die ungewöhnliche Idee, den von außen nicht sichtbaren Kettenkasten „historisch exakt" zu füllen ... Die Auswahl, etwa für ein Modell im Maßstab 1:50 (bei kleinermaßstäblichen Modellen sieht man das ohnehin nicht mehr), ist im unteren Durchmesserbereich vielleicht noch nicht ganz optimal, aber immerhin gibt es sie überhaupt. Solch eine Modell-Stegkette von 0,8 mm (= 40 mm im Original) kann für Schiffe von 500 bis 800 Tonnen eingesetzt werden; 1,0 mm (= 50 mm original) für Schiffe von 800 bis 2000 Tonnen; 1,2 mm (= 60 mm) für 2000 Tonnen und mehr. 1,5 mm (= 75 mm) ist für diesen Maßstab zu dick, für größere Maßstäbe jedoch durchaus geeignet.
Ankerketten waren, wie auch alle anderen Ketten, im 19. Jahrhundert grundsätzlich geschwärzt. Vernickelte Ketten, wie gelegentlich angeboten, müssen also Schwarz bemalt werden, während man Messingketten tadellos mit Lüstersud entsprechend einfärben kann.

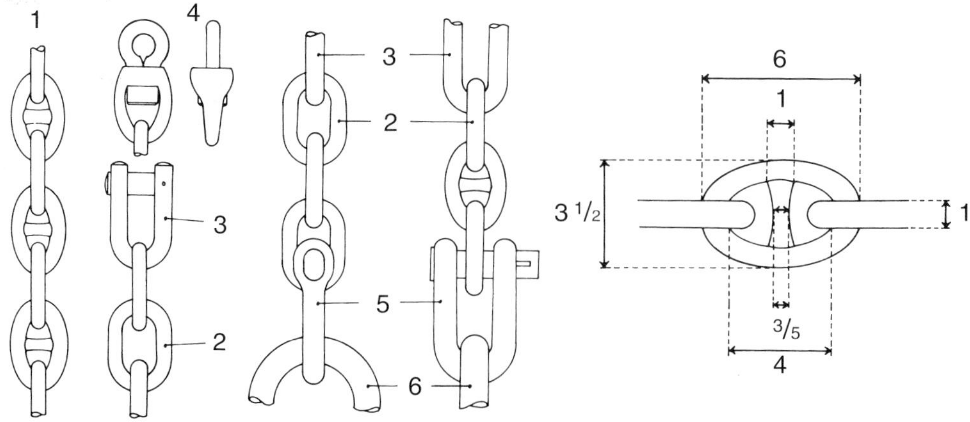

Stegketten: 1. Stegkette, 2. Endglied (Kopfglied), 3. Schäkel, 4. Kettenwirbel, 5. Ankerschäkel, 6. Ankerring. Rechts Proportionen der Kettenglieder.

Blöcke

Das stehende und laufende Gut eines Segelschiffes arbeitete nach dem Prinzip des Flaschenzugs, wobei die Blöcke als Umlenkrollen dienten. Für einen Dreimaster benötigte man etwa 300 bis 400 Blöcke und Jungfern, von denen die größten (etwa der Großfallenblock) original bis zu 120 cm, die kleinsten (Flaggleinenblöcke) nur 7,5 cm messen konnten.

Blöcke historisch

Ein Block besteht generell aus dem Gehäuse und einer Rolle, über die das Tau lief und die sich auf einem Achsbolzen drehte. Das Gehäuse der Blöcke konnte aus einem Stück geschnitzt oder aber aus mehreren Teilen zusammengesetzt sein.
Natürlich gab es auch Blöcke mit mehreren Rollen und auch solche ohne diese, z. B. Jungfern.
In der Antike und im Mittelalter waren die Blockgehäuse in aller Regel „geschnitzt", d. h. aus einem Stück gefertigt. Auch die Scheiben waren aus Holz. Seit dem späten 16. Jahrhundert wurde das Gehäuse aus mehreren Holzlagen (ähnlich Sperrholz) zusammengebaut, was Zeit, Arbeitsaufwand und damit Geld sparte. Diese Blöcke fertigte man grundsätzlich aus Hartholz. Zunächst zögerlich, dann immer häufiger, wurden nun auch Metallscheiben eingesetzt. Mitte des 19. Jahrhunderts begannen sich dann Blöcke voll aus Metall durchzusetzen.

Wie ein Block optisch aussehen sollte, das folgte einer Philosophie, die letztlich auch der Autor nicht immer vollständig nachvollziehen kann.

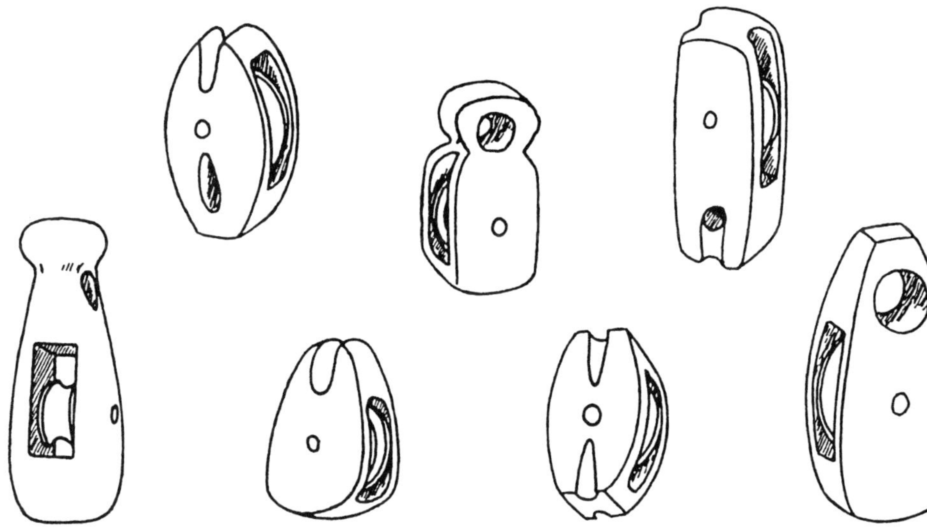

Mittelalterliche Blockformen bis 15. Jahrhundert, nach Zimmermann, Hinderer, Howard.

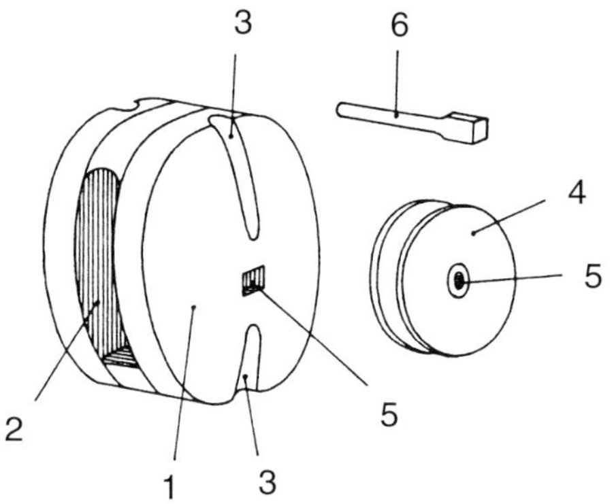

Block: 1. Gehäuse (hier aus mehreren Teilen zusammengesetzt), 2. Scheibgat, 3. Stroppkeepe, 4. Scheibe, 5. Nagelgat, 6. Nagel (Achse).

Unten generelle Blockformen.
Bis erste Hälfte 17. Jahrhundert gab es allerdings zahlreiche Ausnahmen und Abweichungen, nur dass die Blöcke damals generell seitlich völlig flach waren.

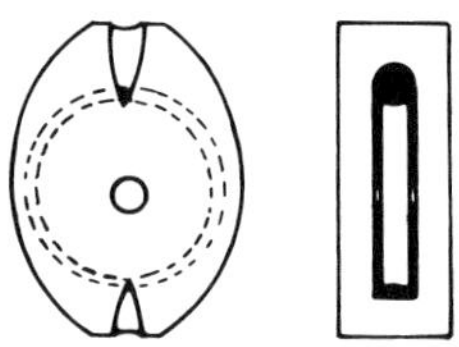

Mittelalter bis 15. Jahrhundert.

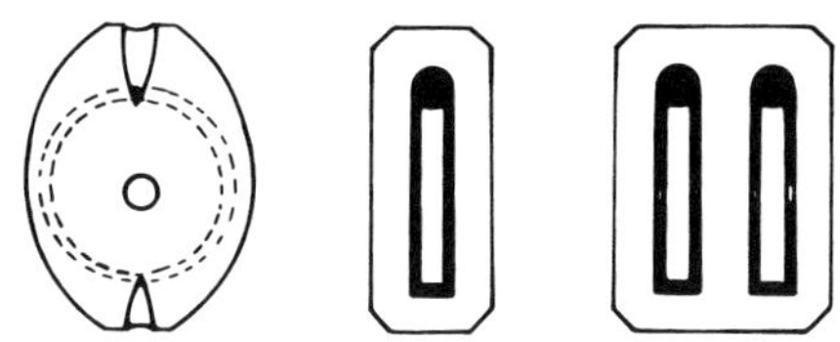

15./16. Jahrhundert.

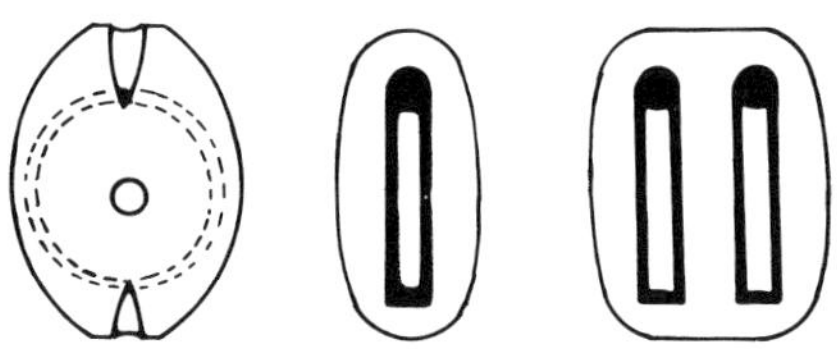

17./18. Jh. allgemein, dann Handelsschiffe.

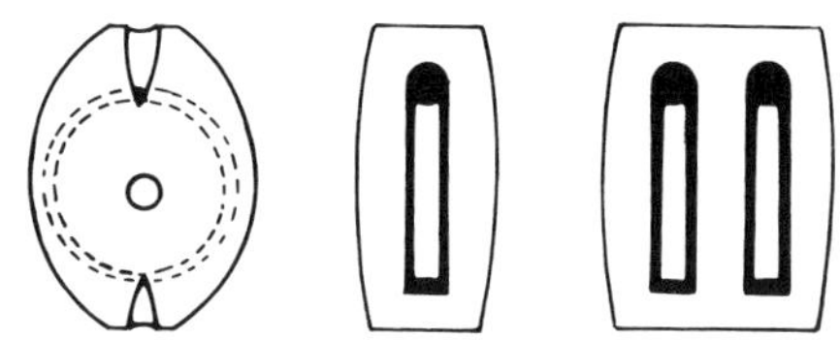

19. Jahrhundert Kriegsschiffe.

In der Antike und im Frühmittelalter waren Blöcke an den Kanten meist abgerundet. Seit dem 12. Jahrhundert bevorzugte man dann ziemlich „eckige“ Blöcke, im Mittelmeer noch bis ins 19. Jahrhundert hinein. Anfang des 17. Jahrhunderts wurden die Blöcke außerhalb des Mittelmeers ausgesprochen „rund“ und blieben das auch auf Handelsschiffen bis weit ins 19. Jahrhundert hinein, während Kriegsschiffe im 19. Jahrhundert wieder zu mehr eckigen Blöcken zurückkehrten.
Philosophie – zweifellos! Auch wenn technisch aus diesen Grundformen weder Schaden noch Nutzen erkennbar ist, für den historischen Modellbauer sind sie Fakten, denen er Rechnung tragen muss ...

Blockgrößen

Offizielle Standardisierungen gab es zwar erst im 17./18. Jahrhundert, doch gleiche Bedingungen schaffen gleiche Regeln: d. h. der Block für ein beispielsweise 19 mm durchmessendes Tau dürfte im 13. Jahrhundert in seinen Dimensionen kaum ernsthaft von jenem des frühen 19. Jahrhunderts abgewichen sein.
Die Größenangaben der folgenden Tabelle sind in mm.

Tau Ø	A Höhe	B Breite	C Dicke 1 Ro.	D Dicke 2 Ro.	E Dicke 3 Ro.	F Rolle Ø	G Rollen-gatt	Stropp Ø
6	72	60	40	53	66	33	7,2	6
8	96	80	53	70	88	44	9,6	8
11	132	110	73	97	121	61	13,2	11
13	156	130	86	114	143	72	15,6	13
16	192	160	106	141	176	88	19,2	16
19	228	190	125	167	209	105	22,8	19
25	300	250	165	220	275	138	30,0	25
32	384	320	211	282	352	176	38,4	38
38	456	380	251	334	418	209	45,6	44
51	612	510	337	449	561	281	61,2	57
63	756	630	416	554	693	347	75,6	76
76	912	760	502	669	836	418	91,2	89

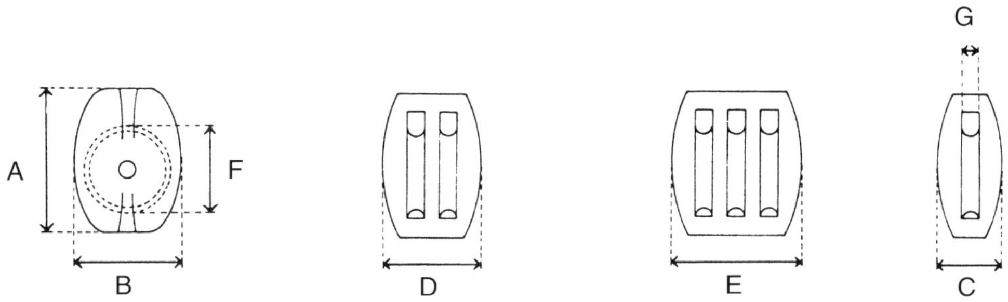

Es handelt sich hier, wie gesagt, um Richtgrößen, bei denen zeitliche und regionale Abweichungen nicht berücksichtigt sind. Generell bestand freilich die Tendenz, die Blöcke für Taustärken von 6 bis 13 mm eher etwas größer, von 38 bis 76 mm eher etwas kleiner als angegeben zu dimensionieren.

Blockfarben

Im Mittelalter wurden die Blöcke weitgehend mit Fischöl (s. Bd. 2 Kap. Lack und Öl) gegen Witterungseinflüsse imprägniert. Das gab ihnen eine Farbe, die nur wenig dunkler war als die Farbe des Eichenholzes, aus denen sie gefertigt waren.

Seit Ende des 15. Jahrhunderts strich man die Blöcke dann zunehmend mit verdünntem Teer, was ihnen einen satten, mittelbraunen Ton verlieh. Bei Handelsschiffen blieb man vielfach auch dabei bis ins 20. Jahrhundert, sofern man da überhaupt noch Holzblöcke verwendete.

Im Lauf des 18. Jahrhunderts wurden die Blöcke auf Kriegsschiffen immer dunkler, wobei man dem Teer nun auch Ruß zusetzte. Das ergab einen hübschen Kontrast zu den hellen Segeln. Und da Kriegsschiffe bis zum heutigen Tag ja immer auch ein wenig Repräsentationsobjekte und Aushängeschilder für ihr Land sind, legte man stets großen Wert auf ihr schmuckes Aussehen.

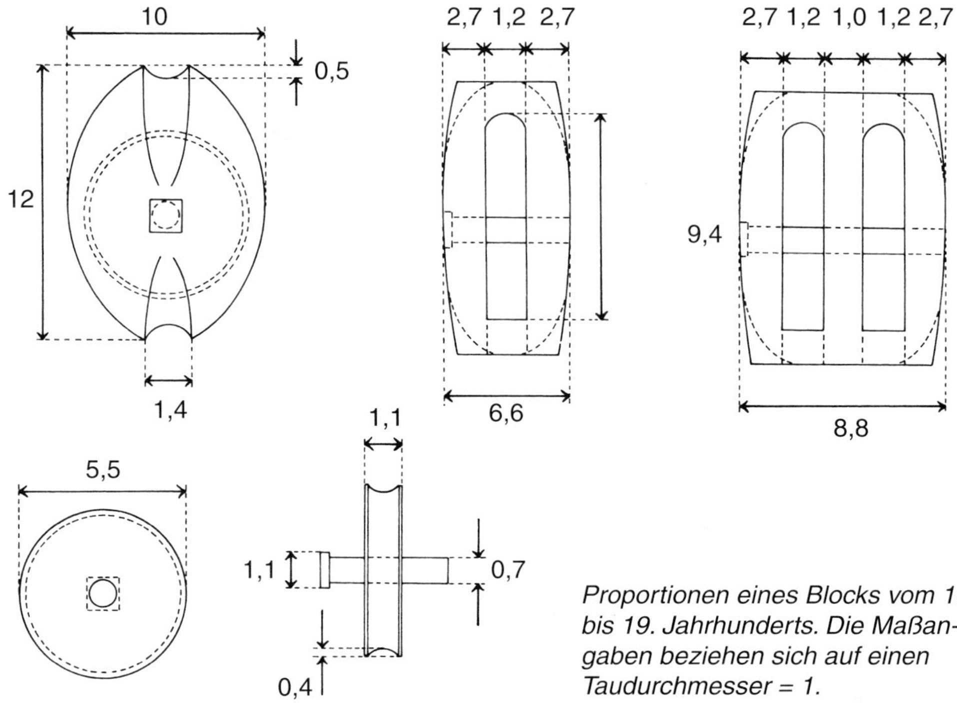

Proportionen eines Blocks vom 16. bis 19. Jahrhunderts. Die Maßangaben beziehen sich auf einen Taudurchmesser = 1.

Etwa um 1815/1820 waren dann die Blöcke von Kriegsschiffen endgültig Schwarz (nicht Teer-Schwarzbraun, sondern echt *Schwarz!*). Dies harmonierte optimal mit den nun in Schwarz und Weiß gestrichenen Rümpfen und den, zumindest teilweise, in diesen Farben gehaltenen Rundhölzern (s. auch Bd. 7 MASTEN UND RAHEN).

Repräsentative Zivilschiffe wie beispielsweise der Luxus-Liner GREAT BRITAIN von 1845 (Abb. s. Bd. 8 SICHTBARE SCHIFFSMASCHINEN) beeilten sich diesem Beispiel zu folgen.

Mitunter verstiegen sich besonders prunksüchtige Souveräne und Admiralitäten (oder auch extrem reiche Freibeuter) im 17. Jahrhundert dazu, die Blöcke ihrer wichtigsten Schiffe farbig (bevorzugt Rot!) anstreichen zu lassen. Dies waren freilich extreme Ausnahmen wie etwa auf der WASA des Königs Gustav II. Adolf von Schweden.

Blockstroppen

In der Antike und im Mittelalter wurden Stroppen – also kurze um die Blöcke gewundene Tauteile – dazu eingesetzt, um „Fuß“-Blöcke an Ringbolzen oder Ähnlichem an Deck oder der Bordwand zu befestigen. Alle anderen Blöcke waren direkt in die stehende Part eines Taues eingebunden.

Seit dem 17. Jahrhundert wurden immer mehr Blöcke mit Stroppen versehen (selbst da, wo es technisch eigentlich gar nicht unbedingt nötig war).

Im Modell haben Stroppen freilich vielfach ihre Tücken, da die Tauschlinge oft am unteren Ende des Blockes gespleißt wurde – eine Technik, die, wie im Ka-

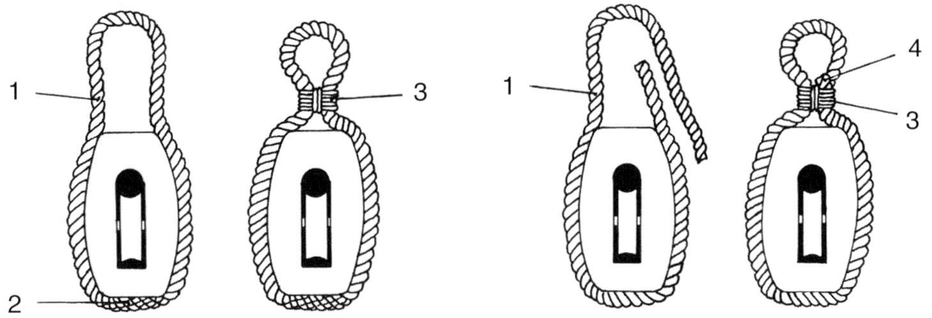

Taustroppen historisch: Links gespleißt, rechts gelegt (wie auch im Modellbau verwendet). 1. Stropp, 2. Spleiß, 3. Zurring, 4. Enden kurz abgeschnitten.

pitel Knoten, Zurrings und Spleißen schon gesagt, für den Modellbauer praktisch kaum nachvollziehbar ist. Da Stroppen jedoch stets gezurrt wurden, bietet die in der Zeichnung gezeigte Methode eine optimale Ausweichmöglichkeit. Bis ins späte 17. Jahrhundert wurden Blöcke fast ausschließlich mit Tauen beschlagen. Danach kamen zunehmend Eisenbeschläge in Gebrauch, die sich dann nach der Mitte des 19. Jahrhunderts ausschließlich durchsetzten.

Am Modell lassen sich diese Eisenbeschläge am besten aus schwarzem Papier bzw. dünnstem Karton herstellen (s. auch Bd. 2 Material und Werkzeug Kap. Papier und Karton). Die Ringösen oder auch Haken werden dann an Kopf bzw. Fuß des Blockes eingeklebt, eventuell auch eingeschraubt.

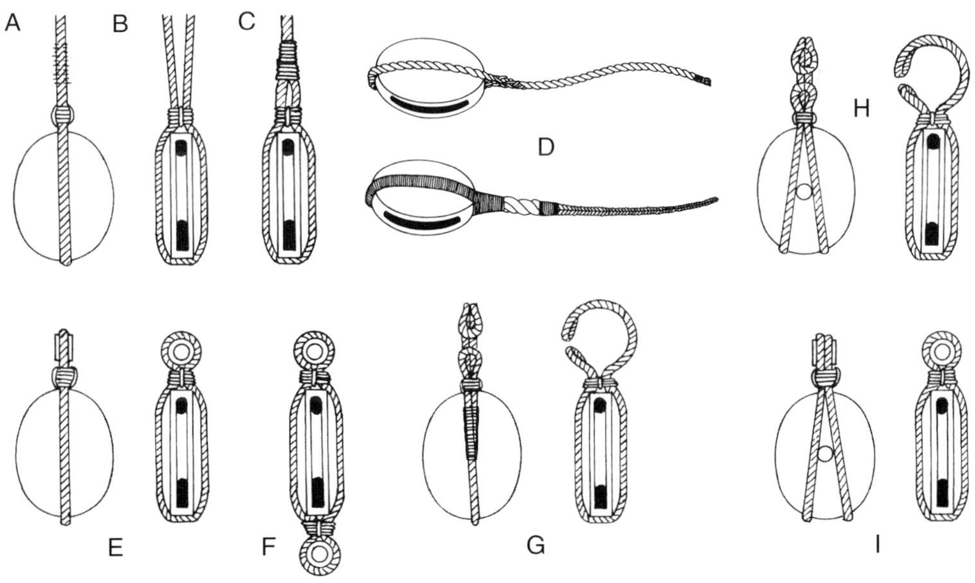

Taustropptypen: A. mit laufendem Tau, B. doppeltes Tau, C. einfaches Tau, D. gespleißter Stropp und zusätzlich gekleideter Stropp, E. mit Kausch, F. mit zwei Kauschen, G. mit Rundholzschlag, H. Doppelstropp mit Rundholzschlag, I. Doppelstropp mit Kausch.

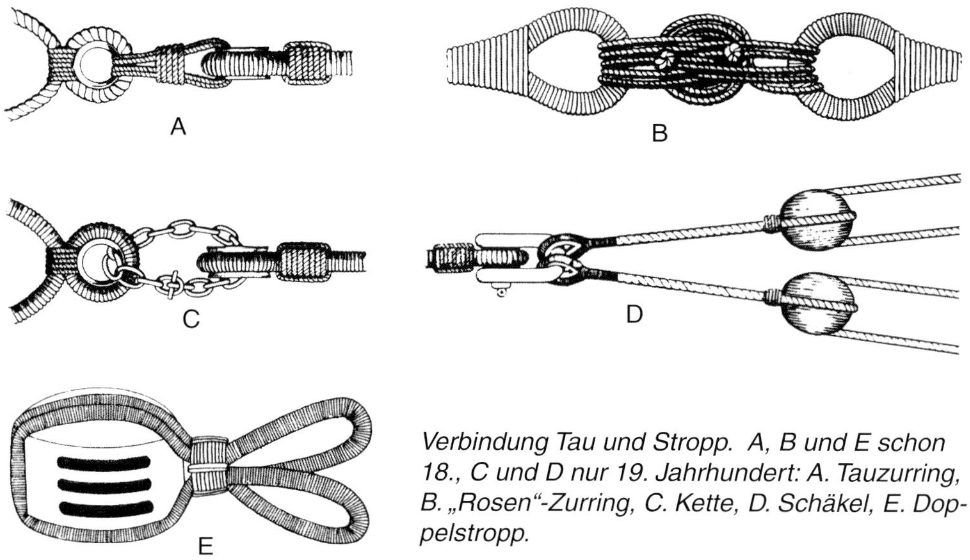

Verbindung Tau und Stropp. A, B und E schon 18., C und D nur 19. Jahrhundert: A. Tauzurring, B. „Rosen"-Zurring, C. Kette, D. Schäkel, E. Doppelstropp.

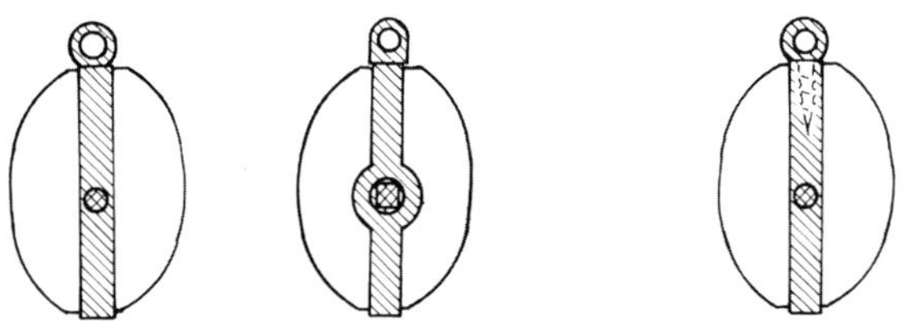

Eiserne Blockbeschläge. Links Original, rechts Modell mit Eisen aus schwarzem Papier und eingeschraubter oder eingeklebter Ringöse.

Metallblöcke

Blöcke nur aus Metall begannen um die Mitte des 19. Jahrhunderts mehr und mehr in den Schiffbau „einzusickern", um sich dann fast explosionsartig zu vermehren. Doch das liegt gemeinhin *hinter* der Zeit, mit der sich diese Enzyklopädie befasst (mehr dazu siehe Band 6 Sichtbare Schiffsmaschinen).
Wem es nun die Epoche in der zweiten Hälfte des 19. Jahrhunderts besonders angetan hat, der sollte freilich ein guter „Metaller" sein und wirklich mit Drehbank (für die Scheiben), Messingblech (für das Gehäuse) und Hartlöteinrichtung umgehen können!

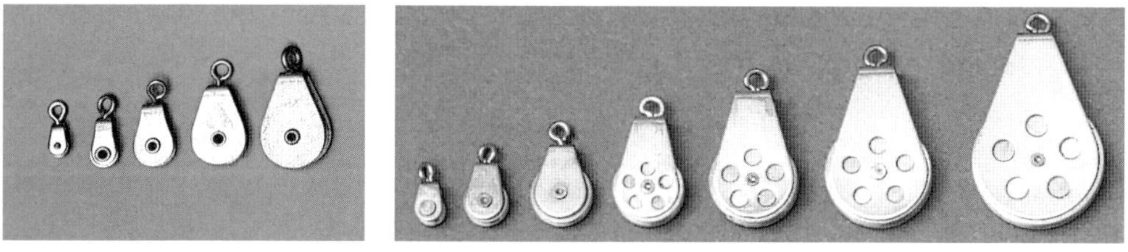

Diverse, auf Modellen ab etwa 1860 verwendbare Vollmetallblöcke von AERO-NAUT.

Modellblöcke

Jetzt wird es echt kritisch! Denn über das optimale Material von Modellblöcken werden sich auch Spitzenmodellbauer vermutlich *nie* einigen können!
Da gibt es einerseits die „Puristen", welche niemals einen Block aus einem anderen Material als Holz anerkennen würden. In der gesamten für diese ENZYKLOPÄDIE relevanten Zeit waren Blöcke (zumindest das Gehäuse) ja auch unbestritten aus Holz. Aber das sind ja auch jene, die ihre Anker mühsamst aus Messing sägen, weil ein Anker eben nun einmal aus Metall zu sein hat ... Diese „Material-Ehrlichkeit" (ein Anker bestand original allerdings auch nicht aus Messing, sondern aus Gusseisen ...) kann der Autor nur respektieren und sogar bewundern!
Auf der anderen Seite (selbst von wildesten Fundamentalisten zugegeben) steht die Tatsache, dass Modellbau eben niemals im Material eine 1:1-Verkleinerung des Originals sein *kann!* Wie schon oft gesagt, geht es dem Autor eben mehr um das verkleinerte Original-*Aussehen* als um originale Materialien oder Bauweisen.

Blockrollen im Modell

Manche Extremisten fordern natürlich, dass auch ein Modellblock mit „echten" Scheiben ausgerüstet werden müsse. In aller Regel sind das reine Theoretiker, die praktisch noch nie in ihrem Leben einen Modellblock hergestellt haben, denn dann wüssten sie, dass dies technisch kaum durchführbar und außerdem unsinnig ist, weil man die Scheibe, wenn das Tau erst einmal durchgeschoren ist, ohnehin nicht mehr sieht. Allenfalls bei sehr großen Blöcken oder auf sehr großmaßstäblichen Modellen mag es teilweise noch Sinn machen, die Rolle ein wenig anzudeuten.

Herstellen von eigenen Blöcken

Wie man Modellblöcke herstellen kann, zeigt die beigefügte Zeichnung: Man schneidet sich zunächst eine Leiste aus sehr hartem und dichtem Holz (Buchs-

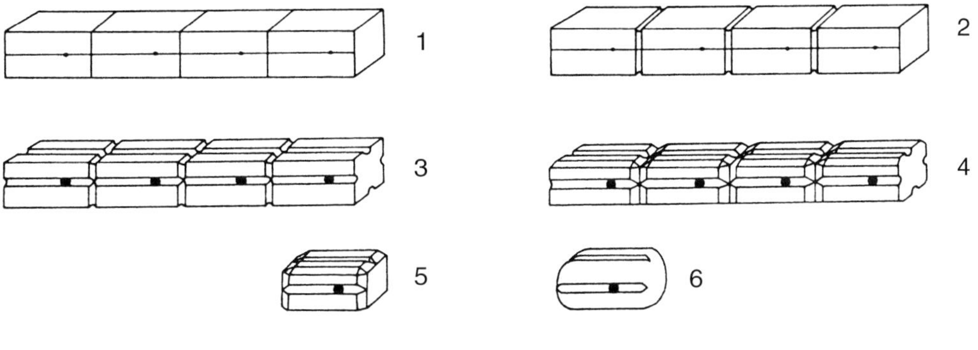

Herstellen von Modellblöcken: 1. Holzleiste, 2. Einschneiden, 3. Schneiden des Rolleneinschnitts und der Stroppkerben sowie Bohren der Löcher, 4. Brechen der Kanten, 5. Abschneiden der Blöcke, 6. Abrunden der Kanten.

baum oder Birne) in Breite und Dicke des Blocks. Mit der Kreissäge – zur Herstellung von Blöcken ist sie unerlässlich – schneidet man quer die Länge der Blöcke an (nicht durchschneiden!). Mit der Kreissäge werden sodann längs die Kerben für die Rolleneinschnitte und die Kerben für die Stroppen eingeschnitten. Anschließend bohrt man die entsprechenden Löcher für die Taudurchzüge (hier ist eine kleine Ständerbohrmaschine zwar nicht Voraussetzung, aber durchaus nützlich). Mit Schmirgelpapier bricht man nun die Außenkanten und erweitert mit einer Dreikantfeile die Quereinschnitte zwischen den Blöcken. Nun trennt man die einzelnen Blöcke vom Stab ab und schleift sie noch entsprechend nach.

Gekaufte Holzblöcke

Die Firmen AERO-NAUT und KRICK und einige andere bieten Holzblöcke (Einzel-, Doppel- und Dreifachblöcke) in zahlreichen Größen zwischen 3 und 10 mm Länge an. Gemeinsam ist ihnen einerseits, dass diese Blöcke ziemlich, meist sogar *zu* „eckig“ sind – da muss man schon noch etwas nacharbeiten (und auch mit einem gewissen Prozentsatz an Ausschuss bei diesen ja industriell gefertigten Teilen rechnen). Trotzdem sind sie für Schiffe vor 1600 und Kriegsschiffe des 19. Jahrhunderts eine optimale Alternative zur mühsamen Eigenproduktion. Erheblich schwieriger gestaltet sich die Nachgestaltung bei Blöcken des 17. und 18. und Handelsschiffen des 19. Jahrhunderts, die ja erheblich „runder“ waren, doch letztlich auch nicht schwieriger als bei selber hergestellten Blöcken.

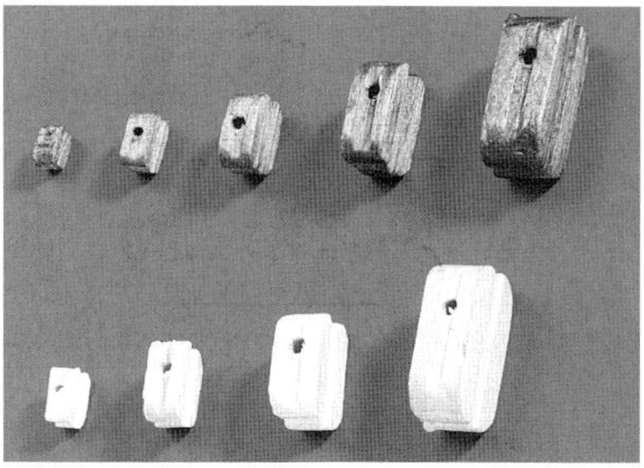
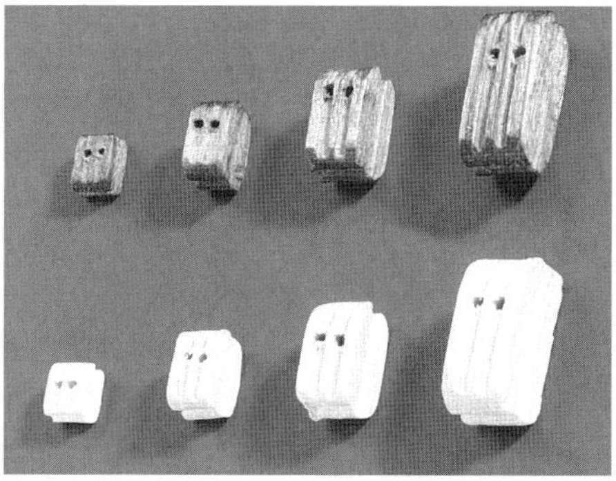

Industriell hergestellte Holzblöcke der Firma KRICK: Einfach- und Doppelblöcke von 2 mm bis 10 mm Höhe; dunkel in Nussbaum, hell in Buchsbaum. Selbst bei „eckigen“ Blöcken bedürfen sie noch einer gründlichen Nachbearbeitung.

Kunststoff-Blöcke

Hier scheiden sich nun die Geister. AERO-NAUT bietet in Form und Dimension genau (übrigens nach Vorgaben des Autors) jene rundlichen Blöcke an, welche Modellbauer für die beliebteste Epoche für Schiffsmodelle benötigen. Es gibt sie als Einzel- und Doppelblöcke in Größen zwischen 3 und 12 mm. Die, ohnehin seltenen, Dreifachblöcke kann man selber relativ problemlos herstellen.
Der Haken dabei: Sie sind aus Kunststoff gespritzt.

Bei der Vorstellung, solche Blöcke zu verwenden, stellt es Puristen natürlich die Nackenhaare auf – und sie vergessen dabei, dass das Eisen ihrer Kanonen und Beschläge ja auch kein „Eisen“, die Rumpfbeplankung ja auch aus Birne, Nuss- oder Buchsbaum und nicht aus originaler Eiche besteht.
Richtig angemalt kann kein Mensch den Unterschied zwischen einem Holz- oder Plastikblock erkennen, es sei denn, dieser kratzt nachhaltig an der Farbe – und das sollte man als Modellbauer entschieden zu unterbinden wissen! Persönlich habe ich etliche meiner „Berlin-Modelle“, darunter auch die WASA, weitgehend mit Plastikblöcken aufgetakelt. „Beschwerden“ habe ich bislang keine gehört außer von einzelnen Modellbaufanatikern, die meinten, dass die Blöcke allzu perfekt aussähen, um im heimischen Bastelkeller entstanden zu sein ...

Industriell hergestellte Kunststoffblöcke der Firma AERO-NAUT: Einfach- und Doppelblöcke von 3 bis 12 mm Höhe. Nicht vom Material, jedoch vom Aussehen perfekt für Modelle des 17. bis teilweise 19. Jahrhunderts.

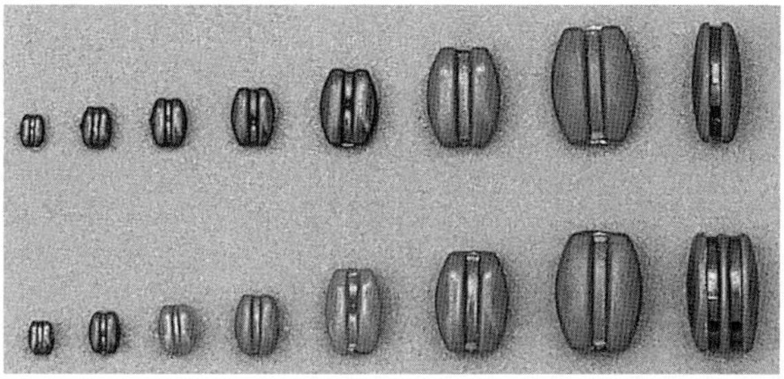

Blöcke färben

AERO-NAUT und KRICK bieten ihre Holzblöcke in „hell“ und „dunkel“ an. Persönlich ziehe ich die Variante „hell“ vor, die ich dann genau in dem historisch richtigen Farbton einfärben kann. Da normale Blöcke eindeutig „Massenware“ sind, macht es durchaus Sinn, wenn man mehrere davon auf einen Faden auffädelt und dann zusammen in die Farbflüssigkeit taucht. Auch wenn dies in der Realität nicht unbedingt so war, sollten sämtliche Blöcke auf einem Modell im gleichen Farbton eingefärbt sein, das sieht einfach besser aus.
Als Färbemittel eignen sich Beizen und vor allem Seidenmalfarben. Sollte nach dem Durchtrocknen des ersten Taugangs die Farbe noch nicht befriedigend sein, dann muss man eben die Prozedur wiederholen. Ein Schutzlack ist eigentlich nicht nötig. Diese Methode gilt übrigens für alle solche hölzernen Kleinteile.
Kunststoffblöcke muss man allerdings mit dem Pinsel bemalen. Optimal eignen sich dafür die Farben von HUMBROL und CITADEL-COLOUR (s. auch Bd. 2 MATERIAL UND WERKZEUG Kap. Pinsel und Farben).

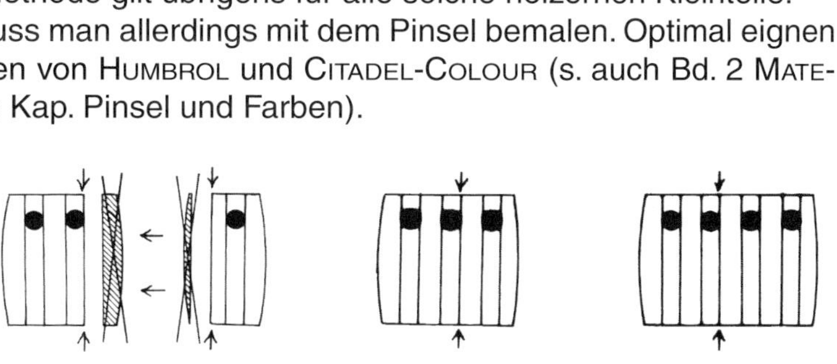

Herstellung von Dreier- oder sogar Vierer-Modellblöcken aus gekauftem Grundmaterial.

Jungfern

Alle Wanten, teilweise auch Pardunen und Stage, wurden mit Jungfern steifgesetzt (s. Bd. 9 STEHENDES GUT Kap. Wanten; Pardunen; Stage usw.).
Gemeinsam war den Jungfern (manchmal auch *Juffern* genannt), dass sie im Gegensatz zu Blöcken über keine Rollen verfügten.

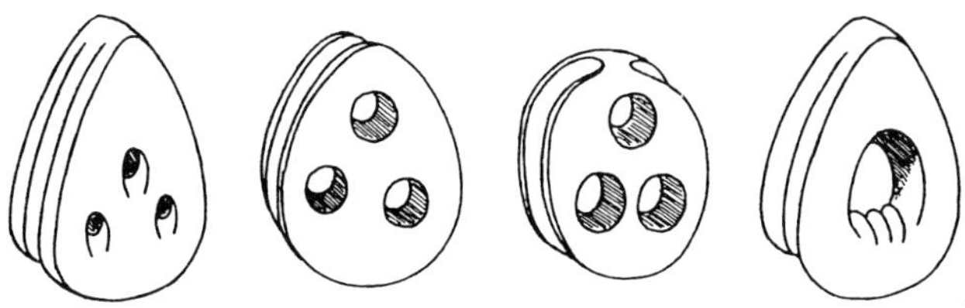

Jungfern und Dodshoofden im Mittelalter, nach F. Howard.

Jungfern historisch

In der Antike und im Frühmittelalter hatten sie die unterschiedlichsten Formen. Seit dem 12. Jahrhundert setzen sich birnenförmige und ovale Formen durch. Im 16. Jahrhundert wurden die Jungfern deutlich dreieckig, im späten 16. und frühen 17. Jahrhundert fünfeckig. Ab Mitte des 17. Jahrhunderts setzte sich dann endgültig die „runde" Jungfer durch. Ihr Durchmesser war halb so groß wie der des zugehörigen Mastes bzw. der entsprechenden Stenge, manchmal auch etwas größer. Im Mittelmeer verzichtete man bis ins späte 18. Jahrhundert (auf kleineren Schiffen auch noch länger) weitgehend auf Jungfern und setzte die Wanten lieber mit Blöcken steif.

Modell-Jungfern

Mittelalterliche Jungfern wird ein Modellbauer wohl oder übel selber herstellen müssen. Trost mag ihm dabei sein, dass die benötigte Anzahl noch recht gering war. Da diese Jungfern durchgehend sehr flach waren, sägt man sie am besten aus einem entsprechend dicken Holzbrettchen (Buchsbaum oder Birne) aus. Um die Löcher zu bohren ist es durchaus sinnvoll, dies zuerst zu machen, weil man da noch mehr *Material* in der Hand hat. Die Keepe für das umfassende Tau wird mit einer Dreikantfeile eingeschnitten (dringend nötig, damit das Tau später nicht abrutschen kann!). Abschließend werden mit Schmirgelpapier noch ein wenig die Kanten gebrochen.
Da sich die Wanten im 16. Jahrhundert fast kaninchenartig vermehrten, ist es bei dreieckigen und fünfeckigen Jungfern durchaus sinnvoll, sich zunächst einen entsprechenden „Stab" herzustellen, von dem man dann mit der Kreissäge – hierzu unumgänglich nötig – zunächst die Keepen an- und dann die Jungfern abschneidet. Auch diese Jungfern waren noch ausgesprochen flach, so dass anschließend ein leichtes Brechen der Kanten genügt. AERO-NAUT etwa bietet zwar dreieckige Jungfern an, jedoch nur in zwei Größen (5 und 7 mm), so dass einem dieses Angebot letztlich kaum weiter hilft.

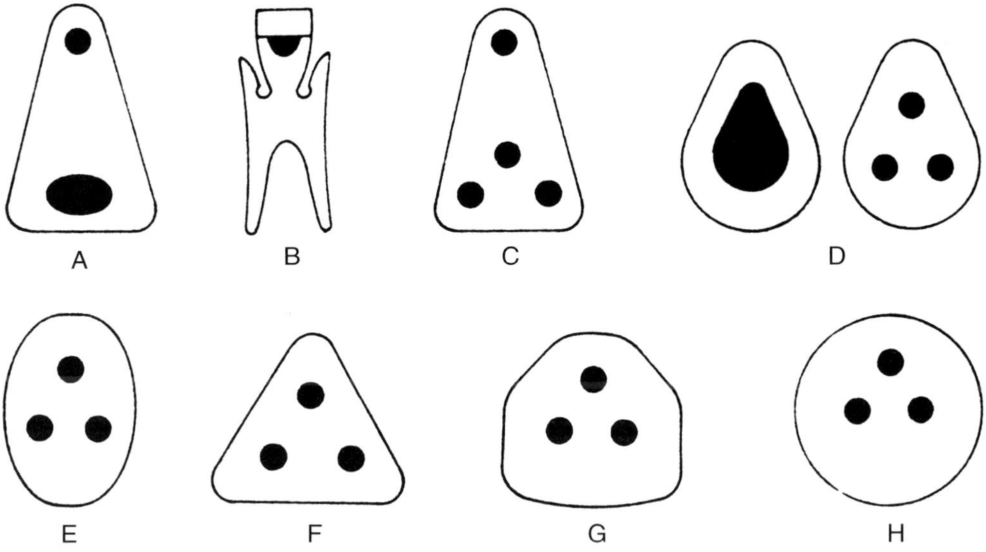

Jungfern: A. römische Antike, B. Wikinger 9./10. Jahrhundert, C. 11./13. Jahrhundert, D. 12./15. Jahrhundert, E. 12./15. Jahrhundert, F. 16. Jahrhundert, G. frühes 17. Jahrhundert, H. ab Mitte 17. Jahrhundert.
Seitlich gesehen waren Jungfern bis Anfang des 17. Jahrhunderts ausgesprochen flach. Erst die runden Jungfern ab der frühen Mitte des 17. Jahrhunderts wurden auch im Querschnitt rundlicher gestaltet, damit die Taljereeps nicht schamfielten.
Dargestellt sind die am Want angebrachten „Ober“-Jungfern, die an den Püttings sitzenden „Unter“-Jungfern waren um 180° gedreht.

Genau umgekehrt sieht es bei runden Jungfern aus: Mit ihren deutlich gewölbten Außenseiten muss man schon über eine Dreh- oder Drechselbank verfügen, um sie entsprechend aus einem Rundstab herstellen zu können. Dafür bieten beispielsweise AERO-NAUT und KRICK in der Form so tadellose Jungfern (Durchmesser 2 bis 12 mm) an, dass es für den Modellbauer wirklich kaum Sinn macht, sie selber herzustellen.
Einziger Fehler dieser „Industrie“-Jungfern: Die Löcher sind gleichmäßig auf die Fläche verteilt, während sie original jeweils nur in einer Hälfte saßen (s. Zeichnung). Trost: Sind die Taljereeps erst einmal durchgezogen, ist dieser „Fehler“ bei

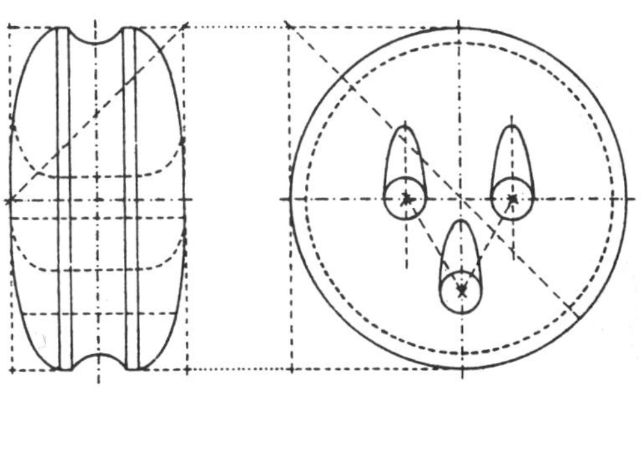

Originale Proportionen einer runden Jungfer 17. bis 20. Jahrhundert.

Modelljungfern bis 7 mm sowieso nicht zu erkennen, und bei 10- oder 12-mm-Jungfern muss auch ein Spezialist dreimal hingucken, ehe er ihn möglicherweise entdeckt.

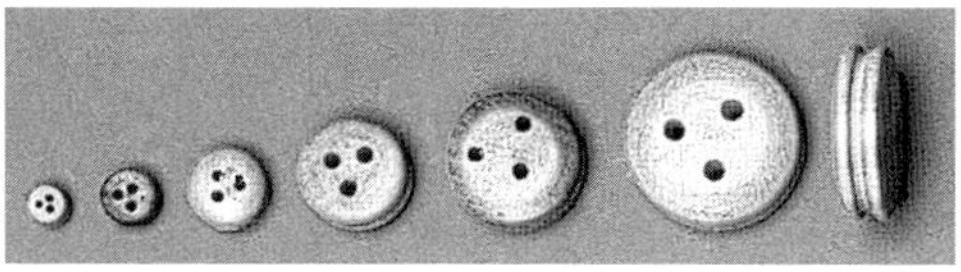

Industriell hergestellte Jungfern etwa der Firmen AERO-NAUT und KRICK sind optimal bis auf die Verteilung der Durchzugslöcher der Taljereeps.

Dodshoofden

Es gab Dodshoofden schon seit dem frühen Mittelalter, wenn man die Jungfern der Antike nicht bereits als solche ansprechen will. Seit dem späten 17. Jahrhundert erfreuten sie sich zunehmender Beliebtheit.
Bis ins frühe 19. Jahrhundert waren Dodshoofden birnenförmig, danach zumeist rund. Ihr Durchmesser entsprach jenem der Jungfern, waren allerdings oft auch einen Tick größer.

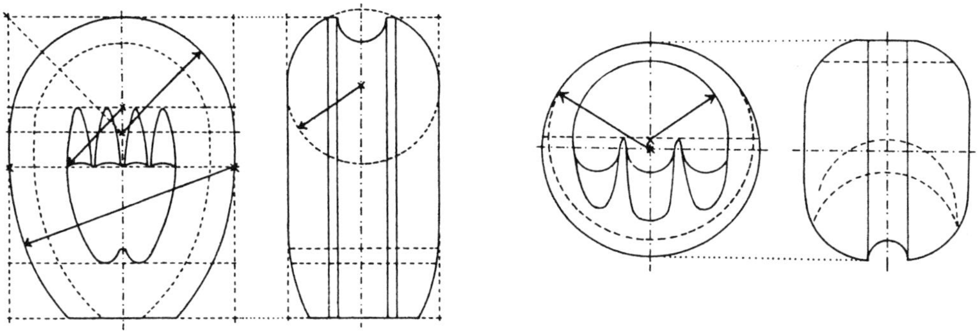

Proportionen von Doshoofden 16. bis 20. Jahrhundert.

Dodshoofden hatten in der Mitte eine große Öffnung und üblicherweise drei bis vier Rillen zur Führung des Taljereeps; seit Ende des 18. Jahrhunderts kamen auch Dodshoofden zumal an Stagen mit 6 bis 7 Rillen und der entsprechenden Anzahl von Taljereepschlägen vor.
Eingebunden wurden Dodshoofden ebenso wie Jungfern.
Birnenförmige Dodshoofden bieten die schon genannten Firmen an, wenn auch in einer eher bescheidenen Größenauswahl. Notfalls muss man sie wie mittelalterliche Jungfern herstellen und entsprechend zurechtschleifen, was aber kein wirkliches Problem darstellt, da ihre Anzahl auf einem Schiff doch recht begrenzt

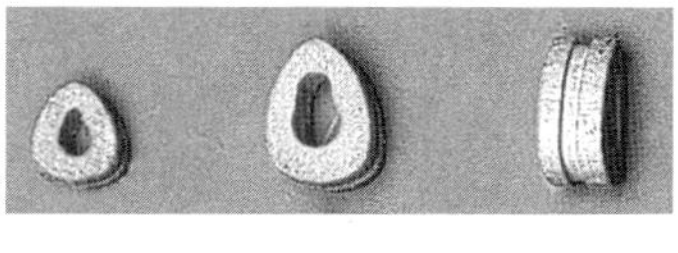

Die Größen – 7 und 10 mm – industriell hergestellter Dodshoofden passt maßstabsgemäß nur in den seltensten Fällen.

war. Runde Dodshoofden kann man am einfachsten dadurch herstellen, dass man Jungfern in der Mitte entsprechend aufbohrt.

Wantenspanner

Seit der Mitte des 19. Jahrhunderts wurden eine ganze Reihe von anderen Techniken erfunden und, mehr oder minder erfolgreich, erprobt um Wanten oder Stage steifzusetzen.

Als letztlich unbrauchbar erwiesen sich historisch die Methoden mit herkömmlichen Jungfern aber erheblich komplizierter gesetztem Taljereep oder auch (nur für Stage) mit eisernen Dodshoofden (s. Band 9 Kap. Wanten).
Ein Modellbauer mag die Geduld haben, um solche ein Taljereep zu setzen. Wie er entsprechende eiserne Dodshoofden, die ja schließlich einen gewissen Zug aushalten müssen, herstellen soll – *ich* weiß es nicht, und selbst meine Freunde am Augsburger Modellbauerstammtisch (wahrhafte Könner ihres Faches und überaus einfallsreich) sind da ratlos. Tröstlich mag sein, dass es historisch nur ganz vereinzelte Schiffe gab, die so ausgerüstet waren.

Etwas häufiger sind nach der Mitte des 19. Jahrhunderts Wanten- bzw. Stagspanner mit Zahnstangen zu finden.
Für einen Modellbauer, der ausgerechnet *solch* ein Schiffsmodell bauen will, heißt es dann endlos feilen und hartlöten, denn diese Teile *müssen* aus Messing sein, da Zinnguss dem notwendigen Zug nicht standhält.

Spannschrauben mit Gegengewinde sind bis heute noch im Einsatz. Für den Modellbauer stellen sie kein echtes Problem dar, weil etwa AERO-NAUT ein entsprechendes Angebot von 14 bis 28 mm im Sortiment hat, das man auch relativ leicht rund oder auch zu einer einfachen Spannschraube umgestalten (löten) kann.

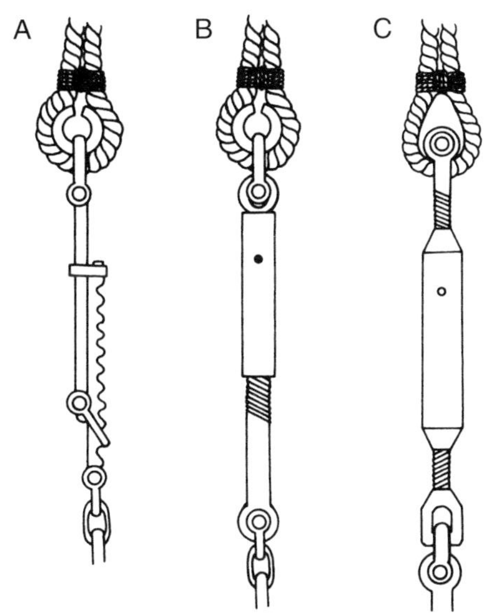

Eiserne Wantenspanner des 19. bis 21. Jahrhunderts.
A. Zahnstange, Mitte des 19. Jahrhunderts erfunden, jedoch nur höchst selten verwendet. B. Spannschraube mit einfachem Gewinde, ebenfalls Mitte des 19. Jahrhunderts erfunden und in der zweiten Hälfte des 19. Jahrhunderts oft verwendet. C. doppelte, gegenläufige Spannschraube, im späten 19. Jahrhundert erfunden und bis heute in Gebrauch (AERO-NAUT bietet sie in optimalen Modellgrößen an).

Blöcke Sonderformen

Natürlich gab es auf Segelschiffen noch eine ganze Reihe von Spezialblöcken für spezielle Aufgaben und Tauführungen. Hier stelle ich Ihnen zunächst einmal diese Blöcke grundsätzlich vor, wo und wie sie genau verwendet wurden, finden Sie dann in den Bänden 9 Stehendes Gut und 10 Laufendes Gut. Den allergrößten Teil dieser Spezialblöcke wird der Modellbauer zwar selber herstellen müssen, denn das „industrielle" Angebot ist kaum in den notwendigen Größen oder überhaupt nicht vorhanden. Ein Trost mag Ihnen sein, dass diese Blöcke meist nur in sehr geringen Stückzahlen benötigt werden. Und Ihr ganz besonderer Stolz, dass derlei nur auf *wirklich* guten Modellen zu finden ist!

Kardeelblock (auch Fallenblock genannt)
Er war mehr oder minder birnenförmig und diente dazu, die schweren Unterrahen zu fieren. Durch die obere Scheibe wurde das Fall geschoren, die unteren

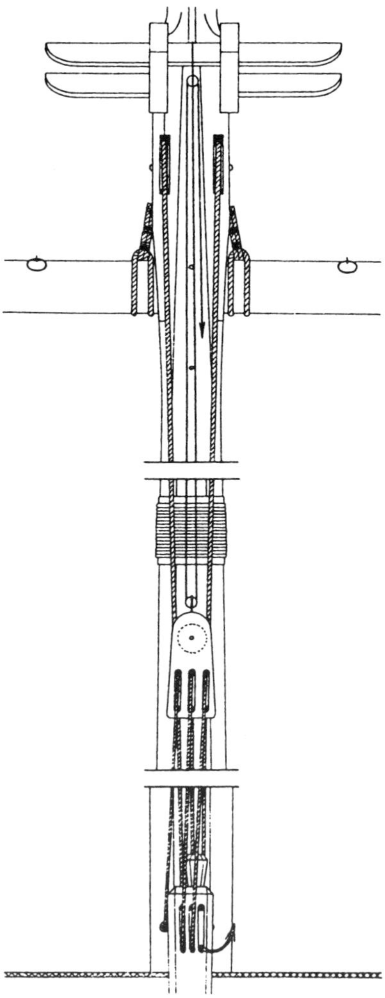

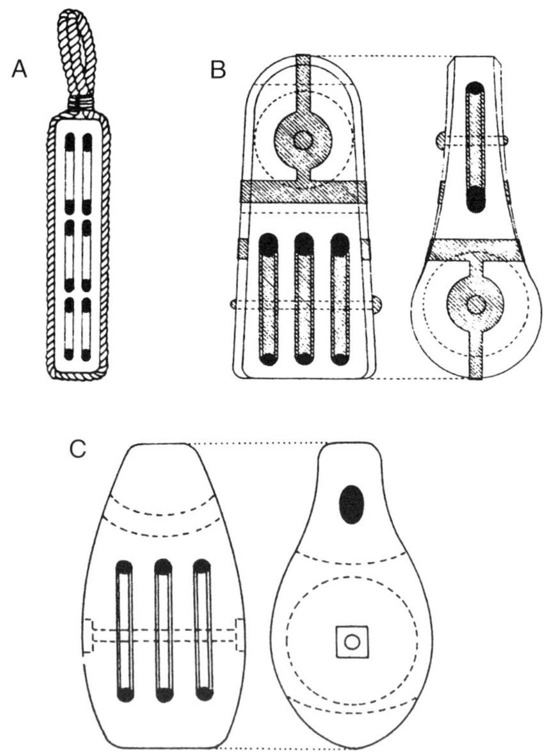

Links: Großfall mit Kardeel und Tripleine zum Heben des Kardeelblocks.
Oben: A. Kardeelblock im Mittelalter und vor allem im Mittelmeer verwendet, B. Kardeelblock 16. und frühes 17. Jahrhundert, C. Kardeelblock ab der zweiten Hälfte des 17. und im 18. Jahrhundert verwendet.

Scheiben (drei bis vier in der Regel) dienten der Führung des Kardeels zwischen Knecht und Block. Der Kardeelblock hatte eine Höhe von rund 14,5-mal des Durchmessers des Falls. Der Großkardeelblock war der größte des ganzen Schiffes (111 cm auf der VASA) und so schwer, dass an seinem oberen Ende oft noch ein kleiner Block (der „Trippblock“) angesetzt wurde, um dieses Monstrum selbst fieren zu können.
Im Mittelmeer benutzte man eher schmale Kardeelblöcke, bei denen die Rollen (bis zu acht) für das Kardeel paarweise untereinander gesetzt waren. Modellbaufirmen bieten zwar entsprechende Blöcke an, allerdings in einer so geringen Größenauswahl, dass man sie getrost vergessen kann.

Stagblock

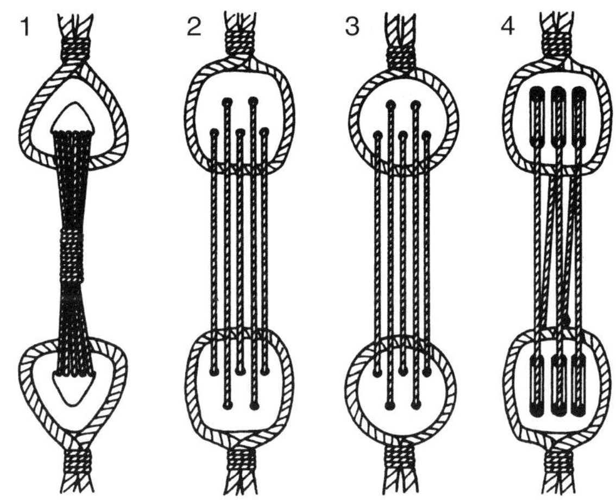

Spannen des Stags mit: 1. Dodshoofden (Mittelater bis 19. Jahrhundert), 2. eckigen Stagblöcken (ca. 1500 bis 1640), 3. Jungfern mit 5 Löchern (ca. 1625 – 1780), dreischeibigen Blöcken (ca. 1630 – 1800).

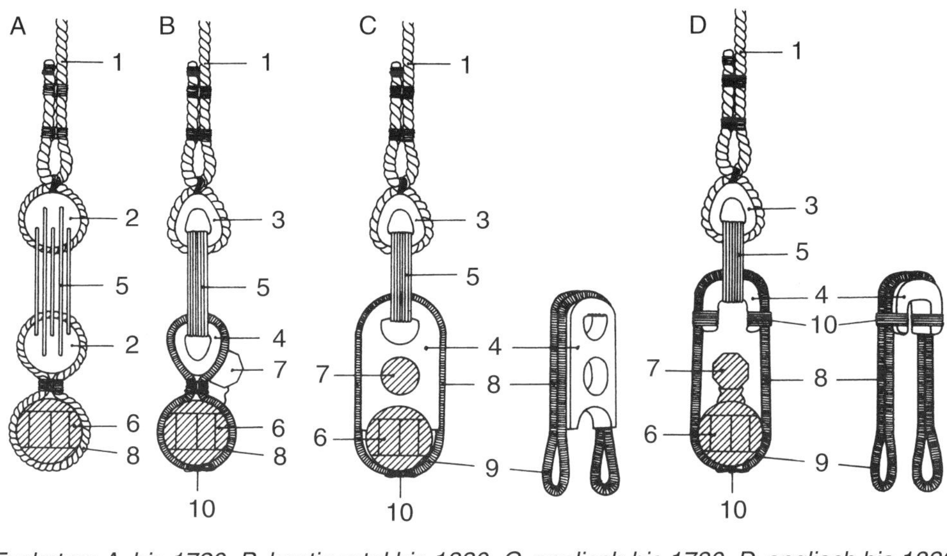

Fockstag: A. bis 1720, B. kontinental bis 1830, C. englisch bis 1780, D. englisch bis 1830. 1. Stag, 2. Jungfern, 3. Dodshoofden, 4. Bugsprietdodshoofden, 5. Zurring, 6. Bugspriet, 7. Klüverbaum, 8. Bugsprietstropp, 9. Stroppschlingen, 10. Stroppzurring.

Im gesamten Mittelalter wurden Stage fast ausschließlich mit Dodshoofden angesetzt, eine Form, die sich vielfach auch bis ins 19. Jahrhundert erhielt. Ab dem frühen 16. Jahrhundert setzten sich dann zumindest auf größeren Schiffen rechteckige Blöcke durch. Sie waren ziemlich flach und mit 6 (Großstag), 5 (Fockstag) oder 4 (Besanstag) Löchern ohne Rollen versehen. Eckige Stagblöcke waren etwa 7- bis 8-mal höher als das entsprechende Stag dick. Im frühen 17. Jahrhundert setzten sich dann runde, fünflöchrige Jungfern einerseits, andererseits schwere dreischeibige Blöcke durch. Sie hatten eine Höhe von 5- bis 6-mal des entsprechenden Taudurchmessers, der auch für Dodshoofden gelten kann. Seit der Mitte des 18. Jahrhunderts kehrte man zunehmend zu Dodshoofden zurück und entwickelte in England für das Vorstag spezielle Dodshoofden, die teilweise auch auf dem Kontinent übernommen wurden.
Die Herstellung ist recht einfach: Eckige Stagblöcke und Dodshoofden kann man aus einem entsprechend dicken Brettchen herstellen, runde Stagblöcke aus Jungfern, in welche noch die fehlenden Löcher eingebohrt werden. Bei Blöcken mit Scheiben s. Kapitel Blöcke und Herstellen von Blöcken.

Violinblock

Anstelle von Doppelblöcken wurden vom 16. bis Mitte des 18. Jahrhunderts auch durchaus gerne Violinblöcke verwendet, bei denen die Scheiben nicht *neben,* sondern *übereinander* saßen. Die Dimension des größeren Blockteils entsprach in der Höhe der eines entsprechenden Doppelblocks, das kleinere hatte etwa 70 bis 75 % dieser Größe.
Obschon die entsprechenden industriellen Angebote durchweg unbefriedigend sind, ist für den Modellbauer die Herstellung von Violinblöcken ziemlich problemlos: Man klebe einfach zwei entsprechende ganz normale Einzelblöcke übereinander (die Klebestelle wird von der Mittelzurring tadellos verdeckt).

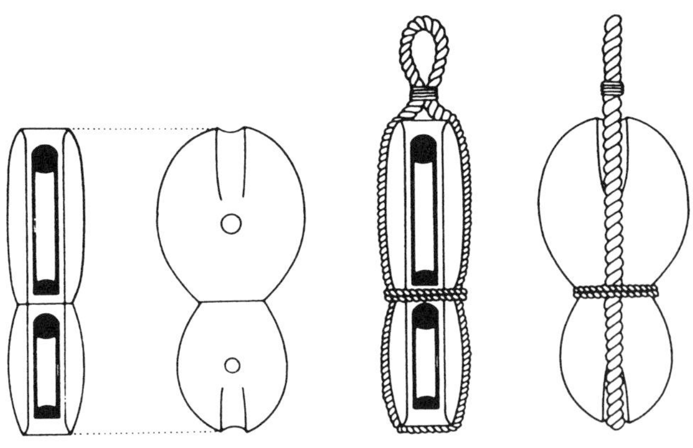

Violinblock: Vielfach statt Doppelblock verwendet, rechts mit Stropp.

Schotblock kontinental

War kontinental vor allem an Unter-, gelegentlich auch Marsrahen üblich. Der Schotblock war optisch dem Violinblock ähnlich. Durch das obere, kleinere Gatt wurde das Toppnant geschoren, durch das untere, größere Gatt die Schot des darüber stehenden Segels.

Vor allem im 18. Jahrhundert wurden die Scheiben der Schotblöcke, in der Art von Schuhblöcken, um 90° gegeneinander verdreht, wobei hier allerdings die Größen der „einzelnen“ Blöcke unverändert blieben.

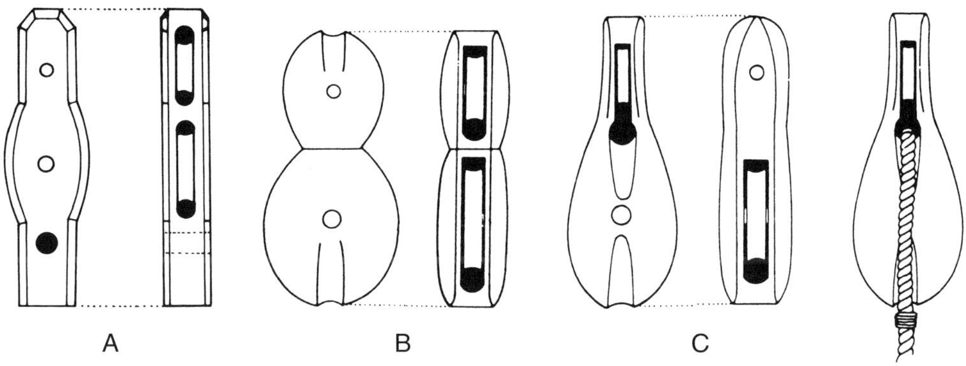

Schotblock: A. ca. 1520 bis 1630, B. ca. 1620 bis 1730, im Mittelmeer bis ins 19. Jahrhundert, C. seit 1660 zunehmend öfter, seit 1720 fast immer verwendet.

Alte Schotblöcke sägt man am besten aus einem entsprechenden Brettchen aus. Neuere Schotblöcke kann man nach der gleichen Methode wie einen Violinblock herstellen, allerdings muss man dabei den Übergang zwischen den beiden Blöcken höchst sauber verschleifen, da dort keine Zurring etwas verdecken kann.

Schotblock englisch

Das Prinzip entsprach dem kontinentalen Schotblock, doch waren diese Blöcke deutlich sichtbar aus zwei Einzelblöcken zusammengezurrt, wobei es sich (im Modell gewöhnlich gar nicht sichtbar) bei dem unteren, größeren Block um einen Schulterblock handelte, dessen „Schulter“ sich an die Rah anlehnte.

Schotblock: Seit etwa 1550 in England verwendet, seit Mitte des 18. Jahrhunderts auch zunehmend auf dem nördlichen Teil des Kontinents.

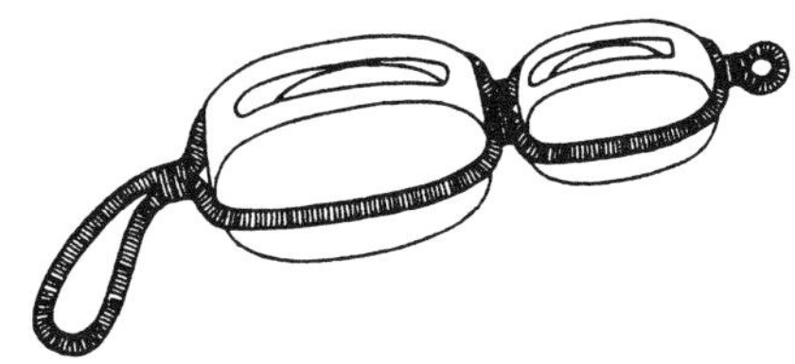

Schulterblock

Seit Mitte des 17. Jahrhunderts wurden Schulterblöcke gelegentlich auch sonst an der Rah für Taue verwendet, die stark schräg zu dieser herunterkamen. Au-

Schulterblock. Häufig auch als Unterblock bei englischen Schotblöcken verwendet.

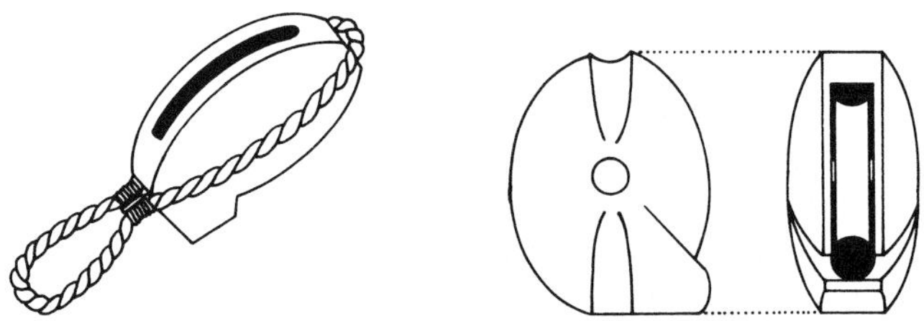

ßer bei sehr großmaßstäblichen Modellen kann ein Modellbauer auf die mühsame Spezialherstellung von Schulterblöcken getrost verzichten und sie durch ganz normale Blöcke ersetzen, da man am Modell die „Schulter" ohnehin kaum (wenn überhaupt) erkennen kann.

Schuhblock

Eine äußerst seltene Blockform, wenn stehendes und laufendes Tau auseinander geführt werden sollten. Es gab *Parallelblöcke,* bei denen die Taue in der gleichen Richtung weiter verliefen, also die Rollen in der gleichen Ebene lagen. Und – mehrheitlich – *Winkelblöcke,* bei denen die Taue in einem Winkel von 90° auseinander geführt werden sollten, bei denen die Blockscheiben also rechtwinklig gegeneinander versetzt waren. In der Regel hatten die Tauparten diese Blöcke die gleiche Stärke, weshalb auch die Blockscheiben die identische Größe hatten. Bei deutlich unterschiedlichen Tauen sahen Schuhblöcke aus wie die oben gezeigten Schotblöcke.
Herstellen kann man ihn ebenfalls aus zwei zusammengeklebten entsprechenden Einzelblöcken, wobei der Übergang natürlich optimal sauber verschliffen sein muss.

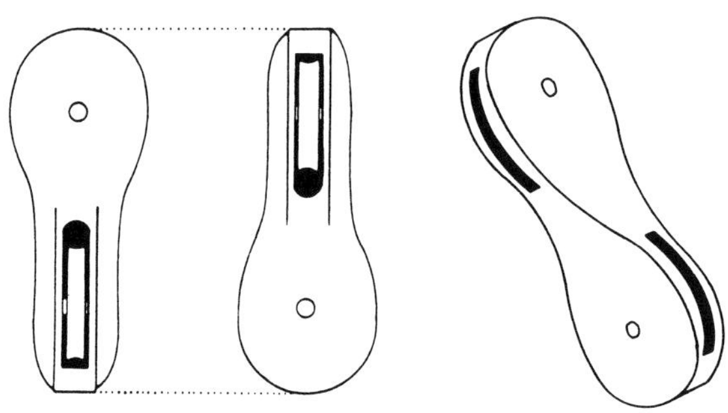

Schuhblock.
Links und unten „Winkelblock",
links unten „Parallelblock".

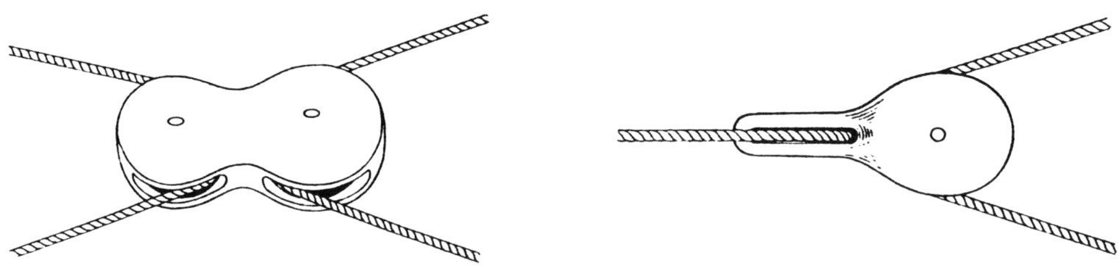

Toppnantenblock

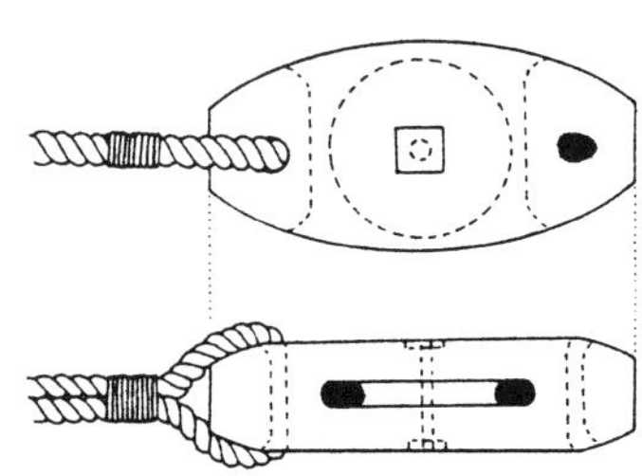

Toppnantenblock.
Wurde im 17. und teilweise noch 18. Jahrhundert vor allem auf kontinentaleuropäischen Schiffen gefahren.

Für die Führung der Toppnanten der Unter-, auf großen Schiffen auch der Marsrahen verwendete man die länglichen Toppnantenblöcke. Herstellen kann man die aus einem Brettchen. Nach 1650 wurden die Seitenkanten etwas stärker gebrochen.

Hutblock

Seit dem 16. Jahrhundert als Leitblock an Unter- und meist Marsrahen für Geitaue eingesetzt. Am besten kann man sie aus entsprechend oben abgeschliffenen Einzelblöcken, die man mit entsprechend durchbohrten Halbkugeln oder runden Holzscheibchen zusammenklebt, herstellen.

Hutblock. Links hauptsächlich kontinental, rechts hauptsächlich englisch.

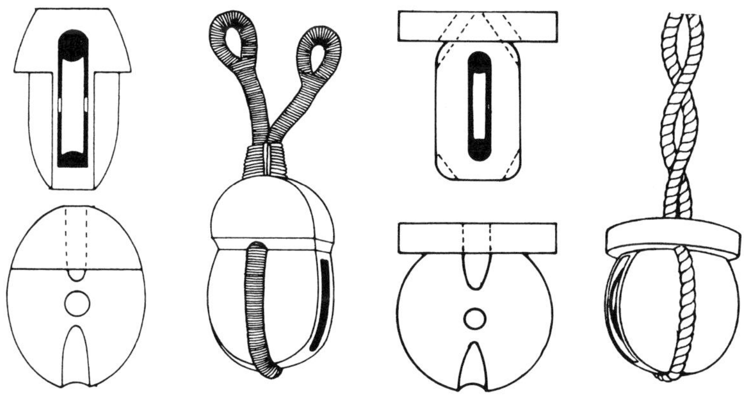

Blindeleitblock

Damit die Blindeschot nicht ins Wasser geriet, wurde sie durch einen länglichen, allseits abgerundeten Leitblock gefahren, der am zweiten Fockwantenpaar oder den Fockrüsten angestroppt wurde.

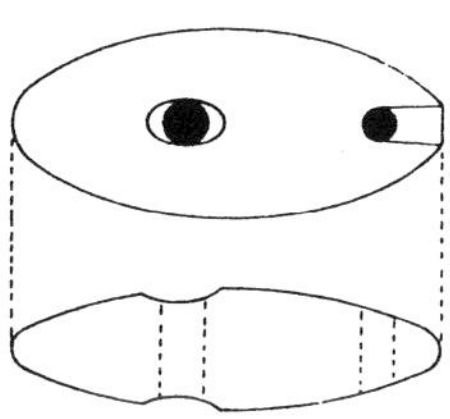

Links Blindeleitblock. Rechts Bulinsprutenblock. Diese Blöcke sind nur etwas für Fanatiker*, da sie fast ebenso gut mit normalen Blöcken dargestellt werden können.*

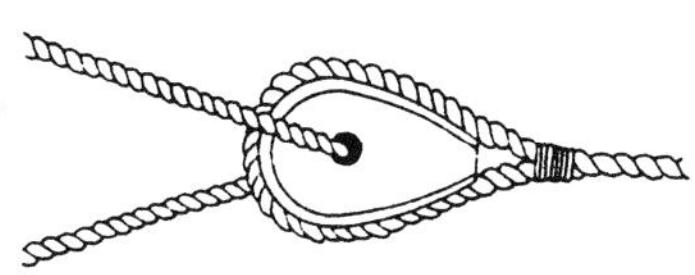

Bulinsprutenblock

Wie der Name sagt, wurden diese Blöcke zur Führung der Bulinspruten verwendet. Eigentlich nur etwas für echte Fanatiker, denn historisch wurden zu diesem Zweck genauso oft ganz normale Einzelblöcke verwendet.

Kinnbackenblock

Wurde gewöhnlich am Fuß von Fock- und Großmast angestroppt und diente der Führung der entsprechenden Bulins.

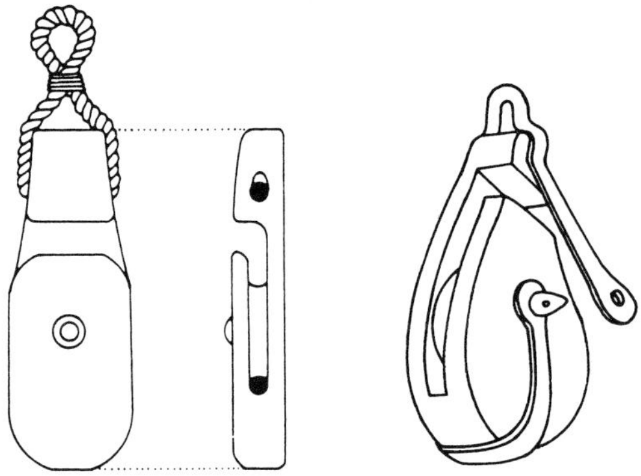

Kinnbackenblock.
Links mit Taustropp (16. bis Mitte 18. Jahrhundert), rechts mit Eisenbeschlag (18. bis Mitte 19. Jahrhundert).

Spinnkloben
Sie dienten der Führung von Hahnepoten. Bis ins späte 17. Jahrhundert waren sie meist länglich herzförmig, danach lang rechteckig. Am besten stellt man sie aus einer entsprechend zurechtgefeilten Birnenleiste her.

Spinnkloben.

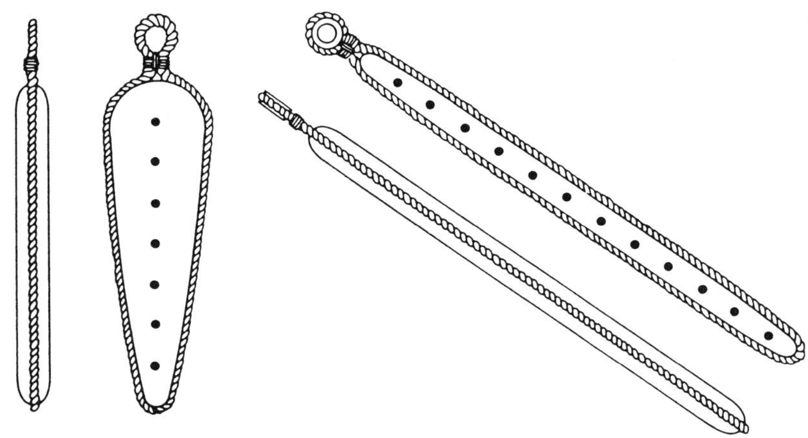

Tausendbein
Seit Mitte des 17. Jahrhunderts wurde steuer- und backbord an der Bugsprietzurring gern ein Tausendbein angesetzt, durch das man die zahlreichen Taue des Vorgeschirrs zu den Belegstellen an der Backreling führen konnte, ohne dass diese sich verwirrten. Herstellen kann man ein Tausendbein relativ einfach aus einem Holzstab, den man entsprechend zurechtfeilt.

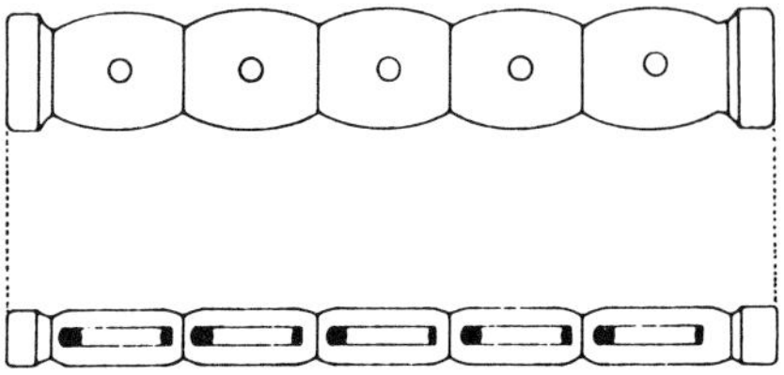

Tausendbein.
Seit der Mitte des 17. Jahrhunderts an der Sprietzurring angelascht, um die Taue des Vorgeschirrs sauber führen zu können.

Kauschen

Leitkauschen dienten ebenfalls der Führung von Tauen des Laufenden Gutes. Sie waren mit einer Zurring an den Wanten (gewöhnlich den Unterwanten) befestigt. Die Bohrung muss so groß sein, dass das Tau leicht durchläuft. Der äußere Durchmesser betrug das Dreifache der Bohrung, die Höhe war gleich dem Durchmesser (manchmal wurden auch sanduhrförmige Leitkauschen verwendet). Da man in der Regel aber auf einem Schiff nur eine Größe an Leitkauschen verwendete, richtete sich deren Dimension nach dem stärksten Tau, das durch sie geschoren werden sollte. Der Modellbauer fertigt seine Kauschen am besten aus einsprechenden Holzperlen (gibt es in jedem einigermaßen gutsortierten Bastelgeschäft). Zunächst wird die „Perle“ entsprechend durchbohrt, dann feilt er mit einer feinen Dreikant oder Rundfeile die Keepe ein, wo sie am Tau ansitzt, und schließlich eine Querkeepe, damit die Zurring, mit der die Kausch an das Tau gebunden wird, nicht abrutscht.
Ab dem 17. Jahrhundert wurden in gebundene Augen vielfach Kauschen eingebunden. Diese Kauschen waren bis Anfang des 19. Jahrhunderts rund und aus Holz, danach gelegentlich herzförmig und meist aus Metall. Außer bei wirklich dicken Tauen oder echt großen Maßstäben (1:25 und größer) kann sich der Modellbauer diese Arbeit ersparen, denn man sieht diese Kauschen allenfalls mit einer Lupe – und welcher vernünftige Modellbauer lässt einen Betrachter schon so nahe an sein Modell heran?

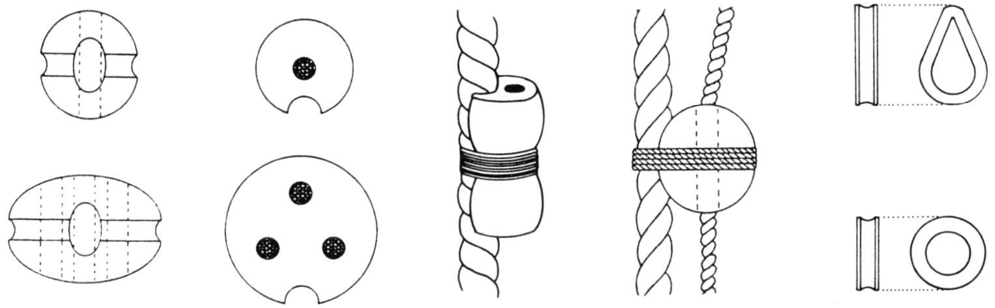

Kauschen (Leitkauschen) wurden seit dem 17. Jahrhundert an die Wanten gelascht, um die Taue des Laufenden Gutes „sauber“, d. h. ohne dass sie sich verhedderten, führen zu können. Links einfache und dreifache Leitkausch.
Rechts Kauschen aus Holz bzw. Metall, wie sie häufig, seit dem 18. Jahrhundert fast immer, in Stroppen eingebunden wurden.

Knebel

Knebel dienten dem schnellen und bequemen Lösen von Tauen bzw. dem ebenso schnellen und bequemen Wiederanstecken dieser. Sie wurden, z. B. mitunter bei Bulins, auch auf nordeuropäischen Schiffen verwendet, vor allem jedoch waren sie im Mittelmeer so beliebt, dass man dort sogar viele Taue, bei denen dies technisch eigentlich unsinnig war, mit Knebeln zusammensteckte (s. beispielsweise Seite 23). Ein Knebel war ca. 117 % so lang wie der zugehörige Block mit einem Durchmesser von 15 bis maximal 20 % der Länge. Real verwendete man freilich nur *zwei* Typen auf einem Schiff, eine größere Variante für schwere und eine kleinere für die schwächeren Taue. Modellknebel feilt man sich am einfachsten aus einem entsprechend dimensionierten Rundstab.

Knebel
Oben Knebel. Mitte Knebel wie er vor allem im Mittelmeer – sogar manchmal überflüssigerweise „philosophisch" angesetzt wurde. Rechts Knebel beispielsweise zum Ansetzen von Bulins.

Hakenblock

Seit dem 16. Jahrhundert dienten Haken zunächst dazu, Taue oder Blockkombinationen – ähnlich Knebeln – schnell und problemlos anstecken bzw. lösen zu können. Dann aber auch und bis ins 19. Jahrhundert immer mehr, um Taukombinationen mit Haken in Ringbolzen an Deck einzuhängen (s. auch die Bände 9 STEHENDES GUT und 10 LAUFENDES GUT). Im 16. und 17. Jahrhundert wurden diese Blöcke/Haken mit Tauen gestroppt. Seit dem 18. Jahrhundert setzten sich immer mehr Blöcke mit Eisenbeschlägen durch.
Im Modellbau biegt man die Haken am besten aus Messingdraht mit einer Rundzange zurecht und klebt sie (sicherheitshalber Zweikomponentenkleber benutzen!) dann in ein vorgebohrtes Loch des Blocks (s. hierzu auch S. 34).

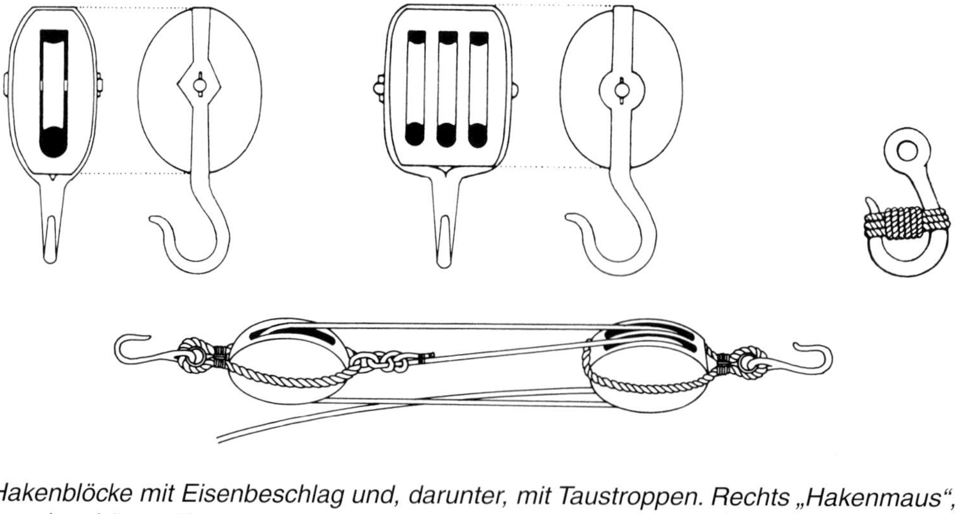

Hakenblöcke mit Eisenbeschlag und, darunter, mit Taustroppen. Rechts „Hakenmaus", um eingehängte Taue zu sichern.

Belegnägel und Klampen

Natürlich mussten die verschiedenen Tauenden auch irgendwo festgemacht werden. Von den „großen" Belegstellen wie Knechten und Kreuzhölzern war schon in Bd. 4 DIE AUSRÜSTUNG die Rede – hier also nur noch, wie auf diesen ein Tau festgemacht wurde.

Belegnägel

Alle schwächeren Taue wurden an Belegnägeln (manchmal auch als „Coffienägel" oder „Koffeenägel" bezeichnet) befestigt, die in Nagelbänken, der Geduld oder Relingen steckten.
Nicolaes Witsen meinte in seiner 1690 in Amsterdam erschienenen ARCHITECTURA NAVALIS ET REGIMEN NAUTICUM und Cornelis van Witsen in der in Delft 1697 veröffentlichten DE NEDERLANDSCHE SCHEEPSBOUWKONST OPEN GESTELLT (zwei der absolut zuverlässigen Originalautoren jener Zeit), dass man mit Belegnägeln nur „pronken" wolle. Aller Wahrscheinlichkeit nach haben beide freilich nur die kunstvoll gedrechselten Nägel gemeint.
Funktionsnötig und geschichtlich nachgewiesen, gab es Belegnägel damals schon längst. Ein erster, optisch unmissverständlicher Beweis findet sich auf dem Stadtsiegel des nordspanischen San Sebastian aus dem 13. Jahrhundert. Diese Belegnägel freilich waren einfache, vermutlich zum unteren Ende leicht konisch zulaufende Holzpflöcke, um welche die entsprechenden Tauenden dann aber schon in der späteren Form geschlungen wurden. Ihre allgemein bekannte, bis heute übliche Form erhielten die Belegnägel in der zweiten Hälfte des 16. Jahrhunderts.
Bis 1830 bestanden Belegnägel stets aus Holz, danach in der Regel aus Metall.

Mittelalterlicher Belegnagel. Auf dem Stadtsiegel von San Sebastian aus dem 13. Jahrhundert – Zeichnung Werner Zimmermann – sind Belegnägel deutlich zu erkennen.

Der untere Durchmesser eines Belegnagels wurde folgendermaßen ermittelt: Ø Belegnagel = ½ inch + ½ inch per 100 Fuß Schiffslänge. Praktischer ausgedrückt: Ø Belegnagel = 12,7 mm + 12,7 mm per 30,48 m Schiffslänge.
Generell war der untere Durchmesser eines Belegnagels aber nie schwächer als der Durchmesser des Taus, das zu belegen war. Da man nur eine Größe an Belegnägeln an Bord hatte, richtete sich deren Größe nach dem stärksten an einem Nagel zu belegenden Tau.
Um selber Belegnägel herzustellen, benötigt der Modellbauer unbedingt eine kleine Drechsel- bzw. Drehbank sowie viel Erfahrung und Fingerspitzengefühl. Natürlich liegt es dem Autor fern, einem begeisterten Modellbauer die bruchmillimetergenaue Herstellung seiner Belegnägel ausreden zu wollen. Aber um der Ehrlichkeit willen muss er hinzufügen, dass dies – *eigentlich* – unsinnig ist, denn von einem Belegnagel ist, fertig getakelt, nur noch so wenig zu sehen, dass man seine exakten Proportionen selbst auf einem großmaßstäblichen Modell nicht einmal mit einer Lupe feststellen kann. Zumal AERO-NAUT hölzerne Belegnägel zwischen 8 und 18 mm Länge, metallene von 9 bis 20 mm in so guter Qualität anbietet, dass auch der schärfste Kritiker an ihnen, erst einmal entsprechend getakelt, etwas auszusetzen finden mag.
PS: Bei Auseinandersetzungen an Bord oder auch im offiziellen Nahkampf waren Belegnägel äußerst beliebte und handliche Schlaginstrumente ...

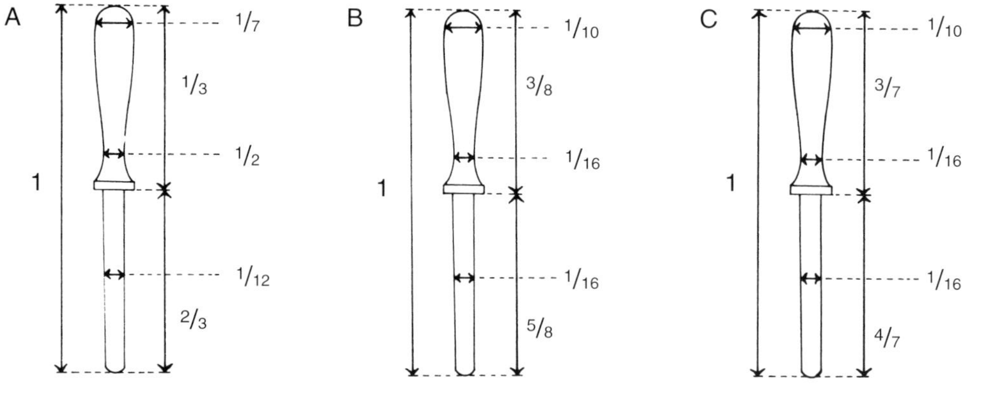

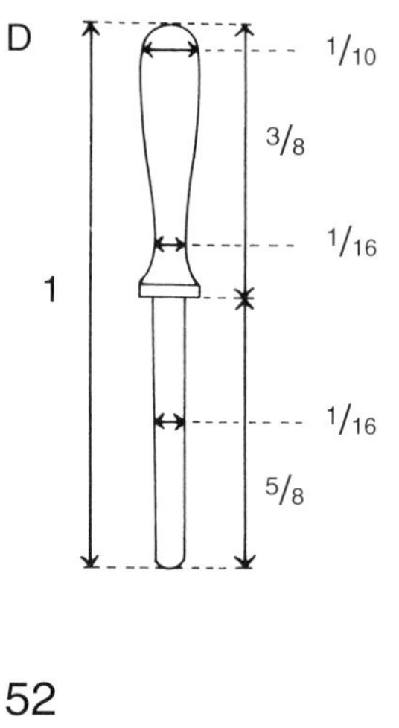

Proportionen von Belegnägeln: A. Holz vor 1750, B. Holz 1750/1800, C. Holz 1800/1850, D. Metall 1830/1880.

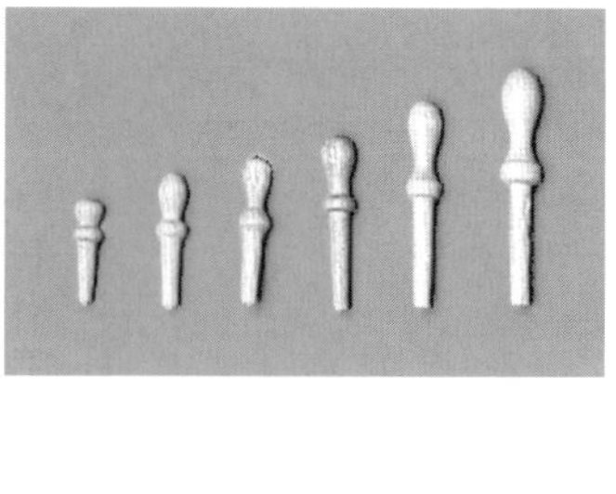

Hölzerne Belegnägel der Firma AERO-NAUT 8 bis 18 mm lang.

Klampen

Mittelstarke Taue belegte man an Klampen. In der Antike, im Mittelmeer und im Mittelalter, wo Belegnägel entweder noch unbekannt oder zumindest weniger beliebt waren, belegte man generell alle Tauenden an Klampen. Klampen waren an Deck und an der Bordwand mit Bolzen befestigt, sehr lange Exemplare nach 1720 mitunter auch an den Untermasten. Mitunter wurden Klampen mit Zurrings auch an die Unterwanten gelascht, um dort leichte Taue des Laufenden Gutes belegen zu können.

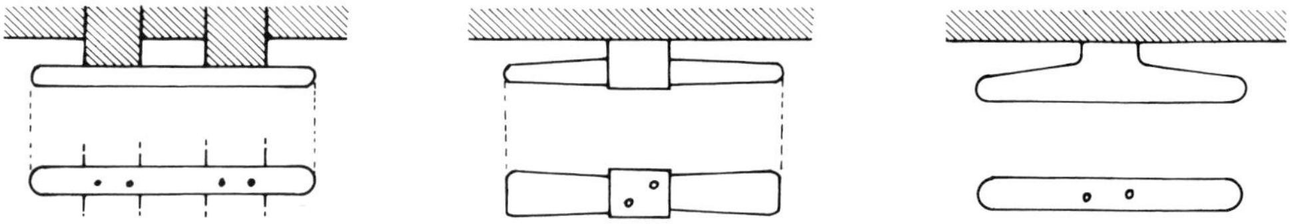

Klampenformen: Links Mittelalter, rechts zwei englische Varianten 18. Jahrhundert.

Die Maßangaben der folgenden Tabelle für kontinentale Klampengrößen sind im cm original. Natürlich handelt es sich dabei nun um Richtgrößen ohne die verschiedenen nationalen und zeitlichen Varianten zu berücksichtigen.

Ø Tau	A Länge	B Höhe	C Breite
6	120	40	30
8	160	53	40
13	220	73	55
19	270	89	68
25	312	103	78
32	355	117	89
38	380	125	95
51	463	153	116
63	525	173	131
76	584	193	146

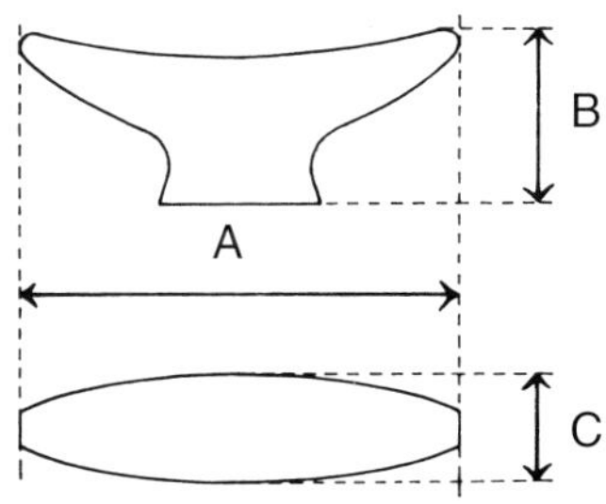

Proportionen kontinentaler Klampen 17. bis 19. Jahrhundert.

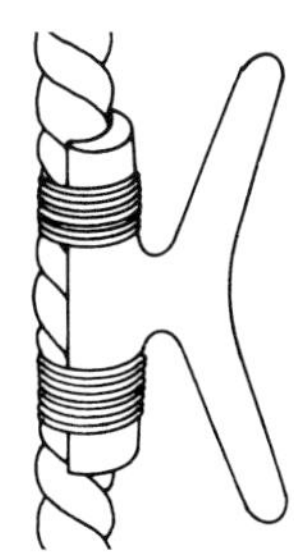

Wantklampe

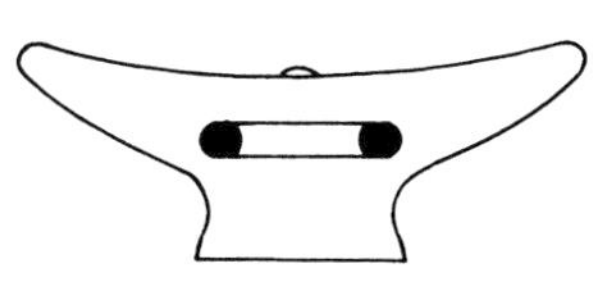

Klampe mit Rolle, 18./19. Jahrhundert.

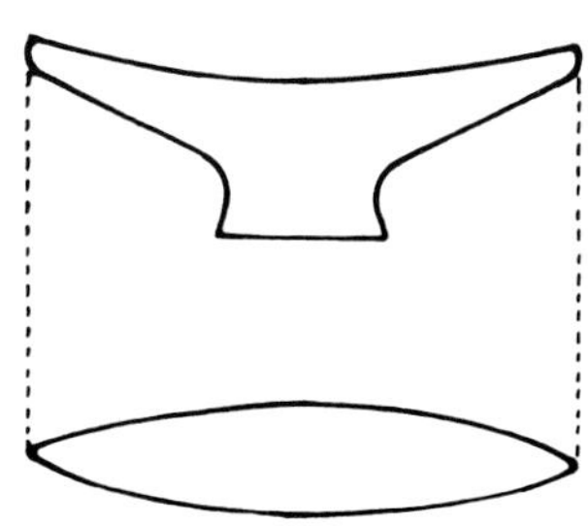

Klampe seit 1830 international.

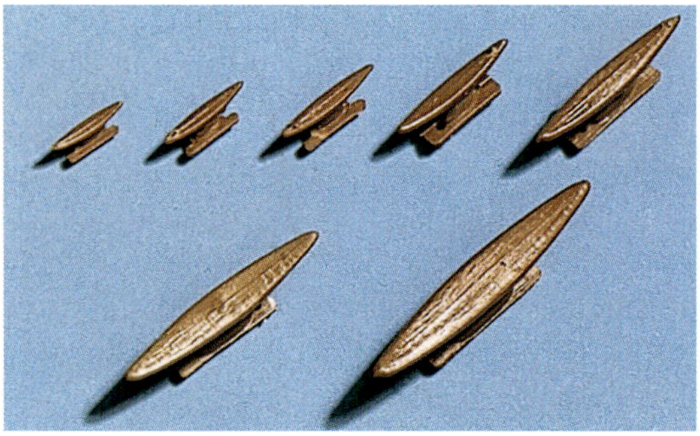

Klampen von AERO-NAUT von 8 bis 30 mm Länge. Sie sind aus Kunststoff, wobei das entsprechende gilt, wie das bereits für Kunststoffblöcke (S. 36 f.) Gesagte. Für Klampen nach 1830 kann man sie direkt verwenden, auf Modellen vor dieser Zeit sollte man die Spitzen etwas abschleifen.

Belegen und Taubündel

Streng genommen gehört dieses Thema in den Bereich Stehendes Gut und Laufendes Gut, muss aber auch hier angesprochen werden.

Belegen Nagel, Klampe und Kreuzholz.

Überschüssiges, d. h. technisch notwendigerweise zu langes Taumaterial wurde original zusammengebündelt und über den entsprechenden Belegnagel bzw. Klampe oder Kreuzholzende gehängt – oder auch auf dem Deck „aufgeschossen". Ordnung ist bis heute eines der wichtigsten Gebote auf einem Schiff! Freilich sind jene auf „Supermodellen" rund aufgeschossenen Taue (besonders beliebt bei Geschütztakeln) historisch absoluter Unsinn! Außer bei Paraden im Hafen wären solche Tauringe im „Normalbetrieb" sofort verrutscht und hätten sich verwirrt. Notwendigerweise lange Tauenden wurden also historisch real zusammengebündelt, mit einer leichten, kurzen und leicht wieder lösbaren Zurring zusammengefasst und so über den Belegnagel oder Klampe gehängt oder sonst entsprechend gestaut.
So sollte das auch auf einem Modell aussehen.
Freilich, etwa eine Gordingleine auf einem Modell „historisch korrekt aufzuschießen" und über den entsprechenden Belegnagel zu hängen, ist auch für den akribischsten Modellbauer in der Regel nahezu unmöglich. Da fehlt ganz einfach, von all den anderen schon gesetzten Tauen behindert, selbst für die längste und spitzeste Pinzette der Platz. Die einzig sinnvolle (wenn auch absolut „unhistorische") Lösung besteht darin, das entsprechende Taubündel einzeln herzustellen und erst nachträglich anzubringen.

Doch Schritt für Schritt:
1. Zunächst einmal wird das eigentliche Tau zu seiner Belegstelle (Nagel, Klampe oder Kreuzholz) geführt und dort regulär belegt. Das Tauende wird jedoch, anders als in Wirklichkeit, zunächst mit Ponal gesichert und dann kurz abgeschnitten – sollte das Taubündel auf dem Deck liegen, dann wird das Tauende bis dorthin geführt und angeklebt, ehe man es abschneidet.
2. Aus dem gleichen Taumaterial wird nun eine mehrfache Schlinge gewickelt, die mit einem dünnen Faden zusammengebunden wird (das Tröpfchen sichernden Ponals auf dem Knoten nicht vergessen!).
Persönlich wickle ich das Tau einfach um meinen Finger (je nach benötigter Länge vom Kleinfinger bis zum Daumen), das geht am schnellsten und bequemsten. Mein Freund Werner Zimmermann hat ein mühelos herstellbares „Werkzeug“ ersonnen, mit dem man solche Taubündel herstellen kann (s. Zeichnung). Da die Taubündel des Laufenden Gutes original eigentlich immer die gleiche Länge hatten – lediglich wirklich „schwere“ Taue wie Halsen oder Schoten wichen davon mitunter ab und waren länger – reicht solch *ein* Finger oder solch *eine* Schablone völlig.
3. Ist der Leim trocken, müssen zunächst die Enden der Zurring kurz abgeschnitten werden und dann noch *ein* Ende des Taus.
4. Auf der Rückseite entsprechend mit Leim bestrichen, kann das Taubündel nun über den Nagel etc. gestülpt bzw. auf das Deck geklebt werden. Mit einer Pinzette noch ein wenig zurechtgezupft wird kein Mensch die „Trickserei“ erkennen können!

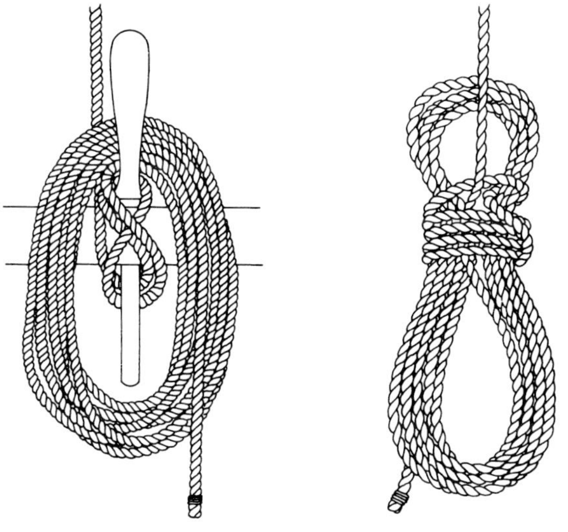

Offenes und gezurrtes Taubündel.
Rechts eine kleine Vorrichtung aus einem Sperrholzbrettchen zur Herstellung von Taubündeln, wie es Werner Zimmermann erdacht hat – oben Brettchen, in der Mitte offenes, unten gezurrtes Taubündel.

Segel

Wie in Bd. 1 MODELLE UND VORKENNTNISSE Kap. Modelltypen schon gesagt, kann man viele Details der Takelage nur dann zeigen, wenn das Schiff mit Segeln ausgestattet ist.
Leider sieht man viele Schiffsmodelle, die gerade durch ihre Segel schlimm verunstaltet werden, und da diese je ziemlich große Flächen haben, fällt dies umso unangenehmer auf. Ganz besondere Sorgfalt sowohl in der Wahl des Materials wie seiner Verarbeitung ist daher gerade hier oberstes Gebot!
Dass die optimale Dar- und Herstellung der Segel einen gewichtigen Teil dieses Bandes ausmacht, ist also alles andere als ein Zufall.

Der amerikanische Extremklipper YOUNG AMERICA, 1853 erbaut von William Webb. Das Schiff war so hervorragend gebaut, dass es einige Jahre später, als es in einem Hurrikan querschlug, „mit den Toppspitzen unter Wasser" sich wieder ohne ernsthafte Schäden aufrichtete. Klipper zählen zu den beliebtesten und schönsten Segelschiffmodellen aus der Zeit des 19. Jahrhunderts. Doch erst die Masse ihrer Segel zeigt ihr wahres Aussehen.
(Modell von Wolfram zu Mondfeld, Reichling, im Deutschen Technikmuseum, Berlin)

Englischer Zollkutter um 1780.
An dem einzigen Mast dieses knapp 30 Meter im Rumpf langen Schiffes konnten bis zu 16 Segel gesetzt werden. Historisch total übertakelt? Gewiss.
Doch solch ein Modell „lebt“ erst wirklich von seinen Segelmassen!
(Modell von Wolfram zu Mondfeld, Reichling, im Deutschen Technikmuseum, Berlin)

Rahsegel am Wind

Dieses Kapitel enthält zwar ausschließlich „Theorie“, doch um sein Modell optimal gestalten zu können, ist es für den Modellbauer höchst wissenswert, wie denn ein Segel in der Praxis tatsächlich funktionierte.
Werner Zimmermann hat dies in seinem Buch NEF DER CINQUE PORTS – DAS NORMANNENSCHIFF DES 13. JAHRHUNDERTS anhand von Fahrzeugen, die ja nur mit *einem* Segel auskommen mussten, samt allen auftretenden Problemen absolut hervorragend dargestellt. Als ich ihn deshalb bat, das entsprechende Kapitel ganz einfach samt zugehörigen Zeichnungen zitieren zu dürfen, gab er mir auch sofort vorbehaltlos sein Einverständnis.
Was hier für mittelalterliche Rahsegel gesagt wird, das gilt generell auch für Rahsegel bis zum heutigen Tag ...

„Über die Leistungsfähigkeit mittelalterlicher Schiffstakelagen (d. h. ihr Vermögen, ein Schiff möglichst hoch an den Wind zu bringen) ist schon viel diskutiert und geschrieben worden, und die Meinungen gehen da immer noch weit auseinander. Während die Vertreter einer eher konservativen Richtung für die einmastigen Rahsegler Nordeuropas lediglich ein Fahren vor achterlichen Winden annahmen, vermuten die heutigen Experten, dass die Fähigkeiten der alten Schiffbauer und Seeleute lange Zeit ganz gewaltig unterschätzt worden seien. Da beide Seiten gute Argumente für ihren jeweiligen Standpunkt anführen können, soll im Folgenden der Versuch unternommen werden, das Problem zumindest theoretisch einer Lösung näher zu bringen.

Zu diesem Zweck muss zunächst überlegt werden, von welchen Einzelfaktoren die Wirksamkeit, der Vortrieb also, eines Segels überhaupt abhängt. – Bei achterlichem Wind ist das nicht weiter kompliziert, da interessiert eigentlich nur die quer zur Luftströmung stehende Segelfläche, die den Druck des aufprallenden Windes über Mast und Tauwerk voll als vortreibende Kraft an den Schiffsrumpf weitergibt. Je größer die Segelfläche, desto größer der Vortrieb, lautet in diesem Fall die Formel.

Stadtsiegel von Hastings, 13. Jahrhundert.

Stadtsiegel von Kiel, 14. Jahrhundert.

Kräfteverhältnisse am Segel bei seitlichem bzw. vorlichen Winden: Die Windkraft W, die als senkrecht auf der Segelfläche stehender „Auftrieb“ wirkt, lässt sich in die beiden wirksamen Komponenten Vortrieb V und Abdrift Q zerlegen, wobei dem Vortrieb die Hauptbedeutung für die Fortbewegung des Schiffes zukommt. Die Wirksamkeit von Q ist abhängig von der Schiffsform und muss durch Gegensteuern ausgeglichen werden.

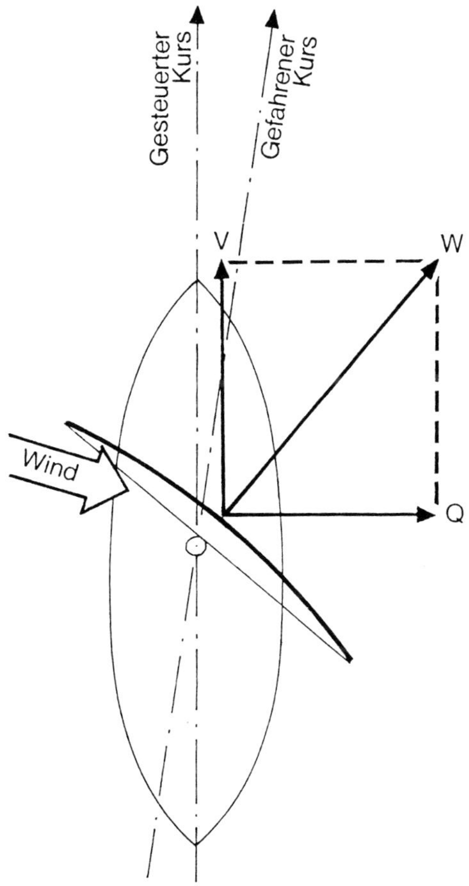

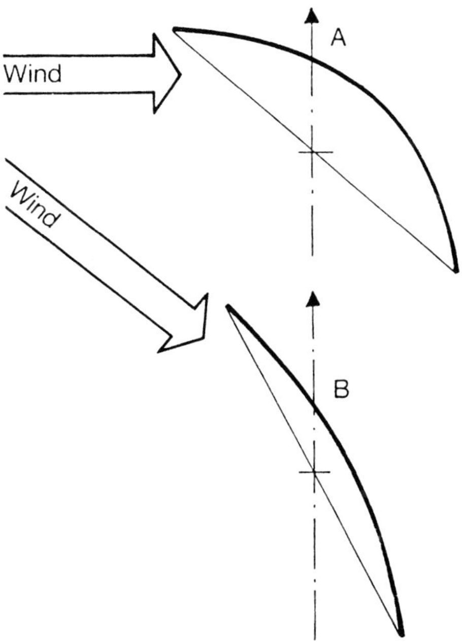

Maximale Segelführung: Luvkante vor zur dem Killen, Leekante fast längsschiffs.
A: Bauchig geschnittenes Segel; lediglich Halb-Wind-Kurs möglich.
B: Flach geschnittenes Segel: hoher Am-Wind-Kurs möglich.

Der Aerodynamiker findet dabei natürlich sofort das Haar in der Suppe, denn je stärker der Wind weht, desto flacher müssen die Segel gefahren werden, um den optimalen Vortrieb zu erbringen, da sich in einem bauchig gefahrenen Segel ein Luftpolster bildet, das seine Wirksamkeit mit zunehmender Windstärke herabsetzt. Ob dies den mittelalterlichen Seefahrern bereits bekannt war, ist nicht schlüssig zu entscheiden. Einerseits zeigen einschlägige Miniaturen oft abenteuerlich ausgewölbte Segel, auf manchen Siegelbildern dagegen (z. B. Hastings) werden sie sehr flach dargestellt. Nachdem aber der dokumentarische Wert der Schiffssiegel den von Miniaturen meist übertrifft, ist es durchaus möglich, dass den damaligen Seefahrern selbst derartige Feinheiten rein empirisch schon geläufig waren.

Wenn nun allerdings der Wind von der Seite bläst oder gar ein Am-Wind-Kurs gefahren werden soll, dann komplizierten sich die Verhältnisse erheblich. Das Segel musste nun schräg gegen die Luftströmung gestellt werden, um durch ihre Ablenkung nach hinten und die Erzeugung eines leeseitigen Sogs eine vorwärtstreibende Komponente zu erzeugen. Damit kommt eine Vielzahl neuer Faktoren ins Spiel, die in ihrer Gesamtheit über die Am-Wind-Fähigkeit eines Schiffes entscheiden.

Einer der wichtigsten Punkte ist dabei ein möglichst flacher Schnitt des Segels. Während ein solcher bei achterlichem Wind lediglich vorteilhaft wirkt, muss er *am Wind* vorausgesetzt werden, denn je flacher das Segel steht, desto höher kann an den Wind gegangen werden. Das ist leicht einzusehen, wenn man sich vergegenwärtigt, dass einerseits die Leekante des Segels nicht über die Längsschiffsrichtung gezogen werden darf, um eine Bremswirkung zu vermeiden, andererseits die Luvkante im äußersten Fall parallel zur Anströmrichtung stehen kann, ohne einzufallen und damit ihre Vortriebswirkung einzubüßen. Mit zunehmender Ausbuchtung des Segels verringert sich also der seglerische Spielraum.

Diese Voraussetzung ist bei heutigen Yachtsegeln (und einst schon bei mediterranen Lateinersegeln) nahezu optimal erfüllt, im Mittelalter gab es da allerdings gewisse Schwierigkeiten mit dem zur Verfügung stehenden Material. Die damaligen Leinenstoffe konnten noch nicht so fest und dicht gewebt sein, im täglichen Betrieb leierten sie recht bald aus. Wenn ein kräftiger Wind einige Male voll von achtern hineingegriffen hatte, war ein solches Segel für eine Fahrt hoch am Wind wohl nicht mehr so recht zu gebrauchen.

Ein Segel am Wind ist in seiner Wirkungsweise in etwa mit einer Flugzeugtragfläche zu vergleichen, der Vortrieb resultiert somit aus dem Druck auf seiner hohlen Innenseite und dem Sog auf der gewölbten äußeren. Und wie bei einer Tragfläche ist dieser Effekt am größten, wenn die Luftströmung möglichst störungsfrei vorbeifließt. Damit haperte es jedoch bei mittelalterlichen Segeln etwas, denn, angefangen vom Liektau über die Säume der einzelnen Kleider, die Reffbänder und -bänsel bis zu den Anschlägen der Bonnets gab es hier jede Menge Kanten und Erhöhungen, die für Oberflächenwirbel sorgten – ganz zu schweigen von der Struktur des Tuches selbst. Im Lauf ihrer Fahrenszeit konnten aber die Seeleute beobachten, dass Segel, deren Säume nicht aufstanden, deren Liektaue sauber eingenäht und die dicht und gleichmäßig gewebt waren, höher an den Wind gebracht werden konnten als ihre „unsaubere" Konkurrenz. Entsprechende theoretische Vorkenntnisse wären keineswegs nötig gewesen, um bereits im Mittelalter die Vorzüge „glatter" Segel einzusehen.

Die bislang aufgeführten Kriterien können wahrscheinlich auch von den Vertretern der „konservativen" Richtung akzeptiert und zwanglos in ihre Meinung integriert werden. Denn jetzt erst kommt das große „Aber ...", nämlich die Maßverhältnisse der Rahsegel. Alles bisher Gesagte mag ja zutreffen, aber wie bitte steht es mit dem Grundriss der Segel?"

Was Werner Zimmermann nun im Einzelnen anführt, bezieht sich speziell auf die Seefahrt des frühen bis hohen Mittelalters, wobei das Grundproblem der „Verwirbelungszonen" selbst heute noch nicht endgültig ausgestanden ist ...

Quersegel haben, auch wenn seit dem 19. Jahrhundert bis heute auch noch so brettsteif gespannt, oben und unten nun einmal Vortrieb unwirksame Verwirbelungszonen.
Bereits im frühen 15. Jahrhundert versuchte man deshalb Segel einzusetzen, die entschieden höher als breiter waren – historisch freilich, da unhandlich, mit eher nur geringem Erfolg.
Schräg gestellte Rahsegel wie auf dem Siegel von Kiel aus dem 14. Jahrhundert (möglicherweise auch auf dem Siegel von Hastings aus dem 13. Jahrhundert dargestellt) wären da eine strömungsmäßig optimale Lösung des Problems gewesen, doch mit dem Aufkommen von Mars- und Bramsegeln eine allzu technisch komplizierte.
Quer zur Schiffsmitte stehende Segel wie Lateiner-, Gaffel und Stagsegel konnten sogar vorlichen Wind optimal nutzen, brachten aber in der Regel nicht ganz so sehr den erwünschten Winddruck, weshalb sich Rahsegel letztlich allgemein durchsetzten und Längssegel eher nur als Hilfs- bzw. Zusatzsegel benutzt wurden.
Die in diesem Sinne optimalen Lateinersegel haben überlebt, wenn auch in etwas modifizierter Form als Bermudasegel auf modernen Yachten.

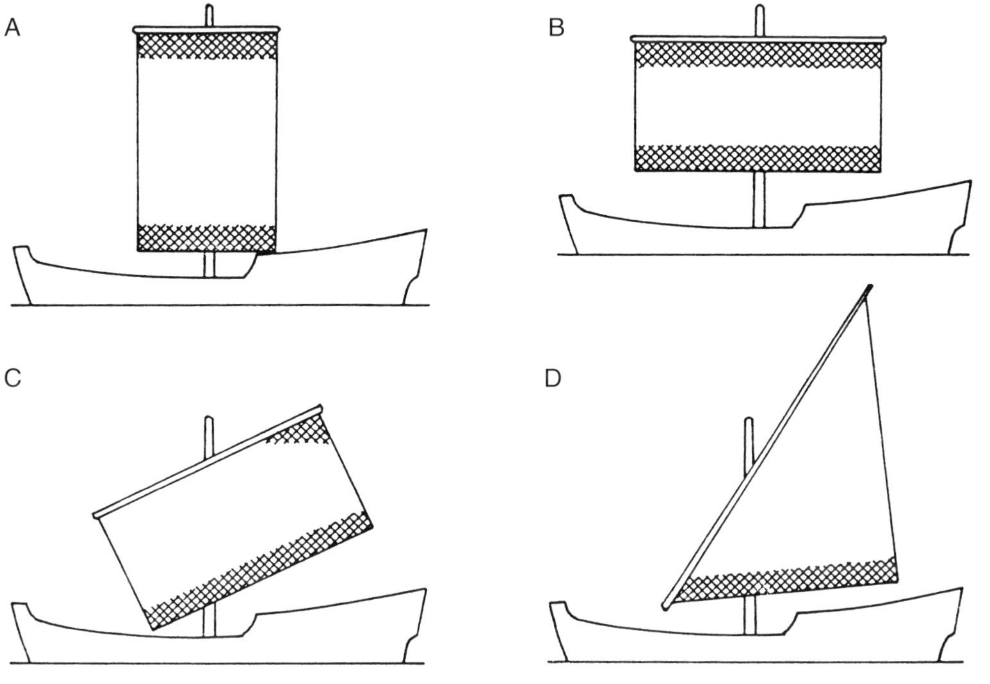

Schematischer Vergleich der bei Am-Wind-Kurs durch Randwirbel beschlagenen und damit vortriebsgestörten Flächen (gerastert) eines Rahsegels.
A: Hochformat, große wirksame Fläche. B: Querformat, kleine wirksame Fläche. C: Schräggestelltes Querformat, große wirksame Fläche. D: Lateinsegel, sehr große wirksame Fläche.
(Zeichnungen in diesem Kapitel von Werner Zimmermann, Augsburg)

Segelnamen

Um, zumal beim Laufenden Gut (s. Bd. 10 LAUFENDES GUT), nicht hoffnungslos in Verwirrung zu geraten, muss man natürlich die Segeltypen und Segelnamen kennen.

Segeltypen

Rahsegel (auch Quersegel oder Querrahsegel genannt):
Quadratisch oder trapezförmig. An einer querschiffs stehenden Rah angeschlagen. Dies war die Mehrzahl der Segel auf europäisch-amerikanisch getakelten Schiffen. Bis etwa 1630 war das Unterliek gerade, danach bogenförmig geschnitten. Bereits seit dem Mittelalter wurden Reffe benützt, um das Segel zu kürzen. Bis Anfang des 18. Jahrhunderts wurden gerne die Windfläche vergrößernde Bonnets gefahren.

Lateinersegel:
Dreieckig. An einer längsschiffs stehenden Rute angeschlagen. Seit bereits der Antike vor allem im Mittelmeer beliebt, wurde dieser Segeltyp als Besan bzw. Steuersegel seit dem 15. Jahrhundert auch auf mit Rahsegeln getakelten Schiffen üblich. Reffe waren üblich, die Windfläche vergrößernde Bonnets bis ins 17. Jahrhundert häufig.

Klausegel:
Trapezförmig. Längsschiffs angeschlagen an Rute/Gaffel und Mast. Seit dem frühen 18. Jahrhundert verdrängte es den lateinischen Besan. Ursprünglich war es ein um den spitzen Vorderteil gekürztes Lateinersegel, so noch teilweise bis Mitte des 18. Jahrhunderts an der entsprechenden Rute zu erkennen, welche dann durch eine Gaffel ersetzt wurde.

Schnausegel:
Trapezförmig. Eigentlich ein Klausegel, nur, dass dessen Vorderkante nicht am Besanmast, sondern an dem dünnen Schnaumast hinter dem Besanmast angeschlagen wurde.

Gaffelsegel:
Viereckig. In der 2. Hälfte des 18. Jahrhunderts wurde das Klausegel von Russland ausgehend vielfach zur besseren Handhabung mit einem Baum versehen. Klau- und Gaffelsegel waren in der Regel mit Reffen ausgerüstet.

Gaffeltoppsegel:
Seit Ende des 18. Jahrhunderts wurde vielfach ein an der Besanstenge angeschlagenes Toppsegel beliebt.

Speizgaffel- bzw. Sprietsegel:
Quadratisch bis trapezförmig. Es wurde längsschiffs am Mast angeschlagen und das äußere Nockhorn mit einer Rute/Spreizgaffel ausgespreizt. Schon seit der Antike bekannt, war dieser Segeltyp vor allem auf kleineren Schiffen beliebt.

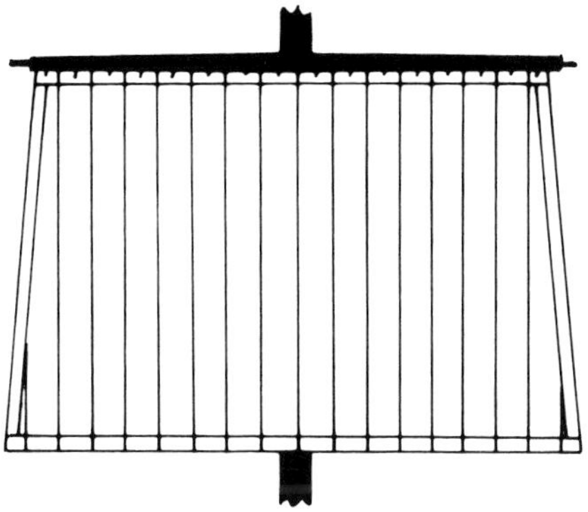

Rahsegel bis ca. 1630

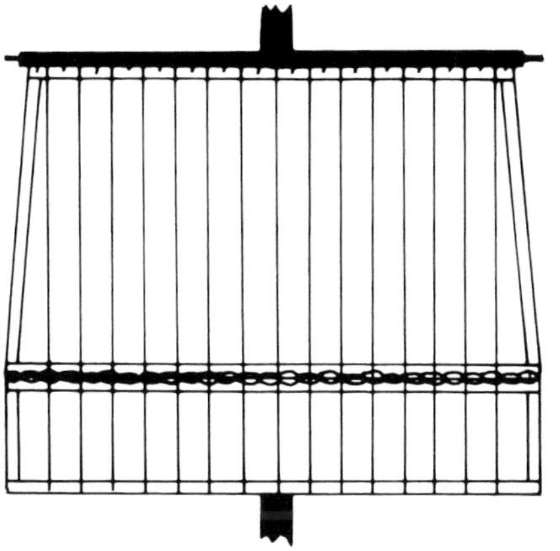

Rahsegel mit Bonnet

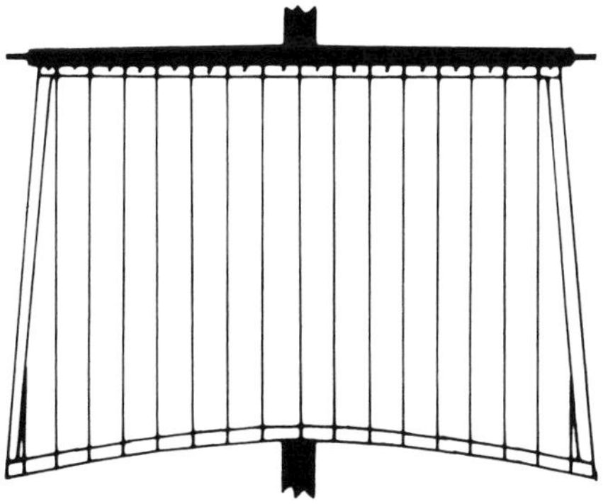

Rahsegel nach 1630

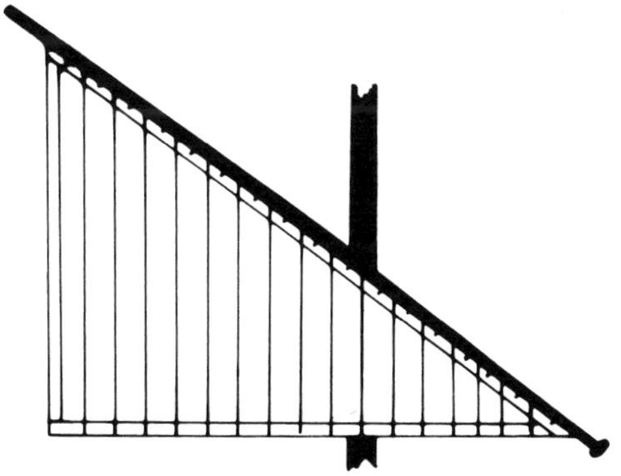

Lateinersegel

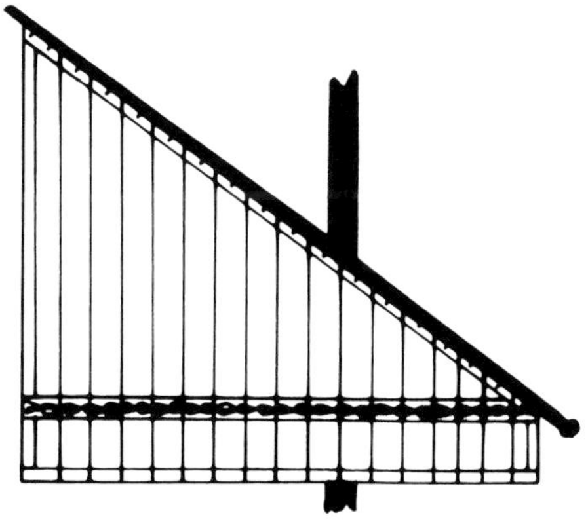

Lateinersegel mit Bonnet

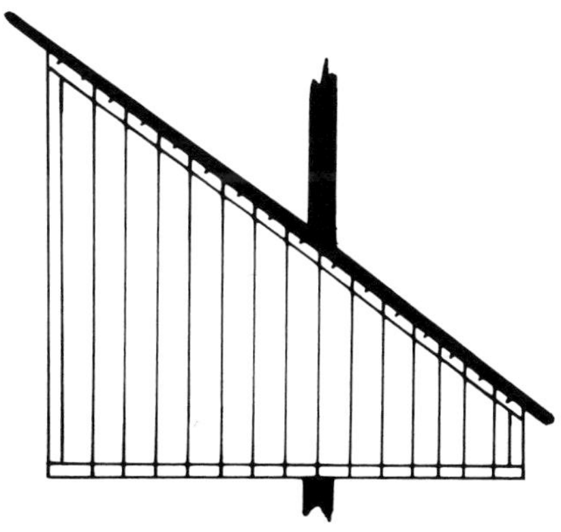

Dausegel

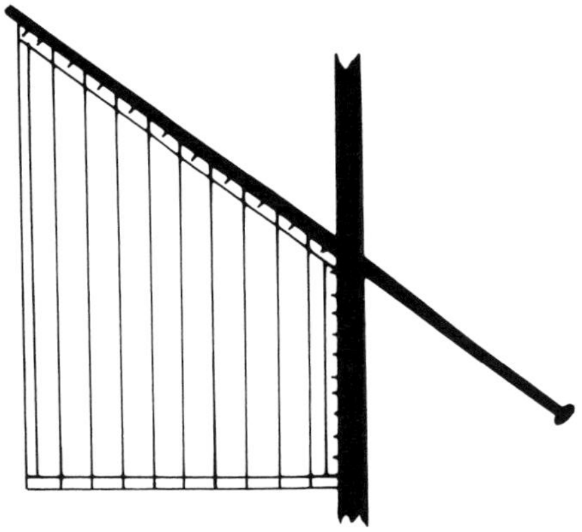

Klausegel mit Rute

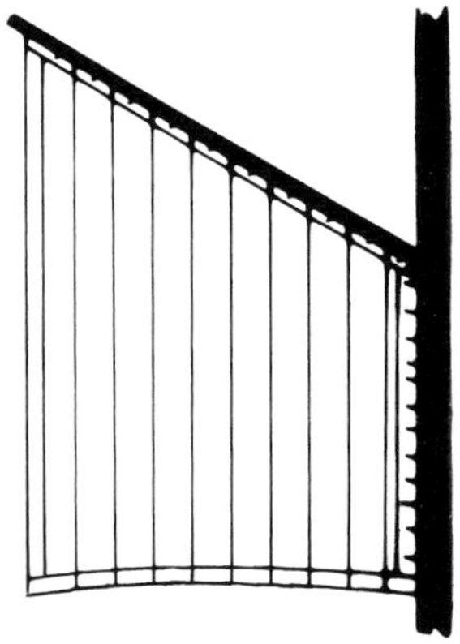

Klausegel mit Gaffel

Schnausegel

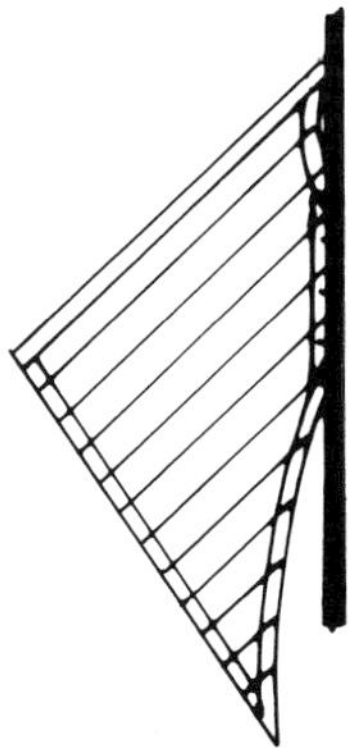

Gaffeltoppsegel

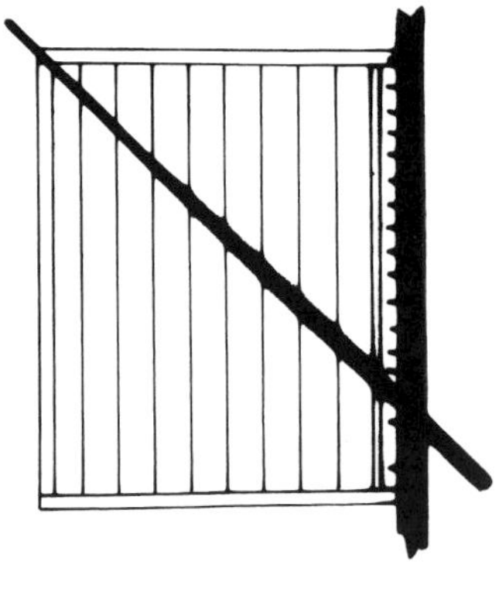

Spreizgaffel- bzw. Sprietsegel

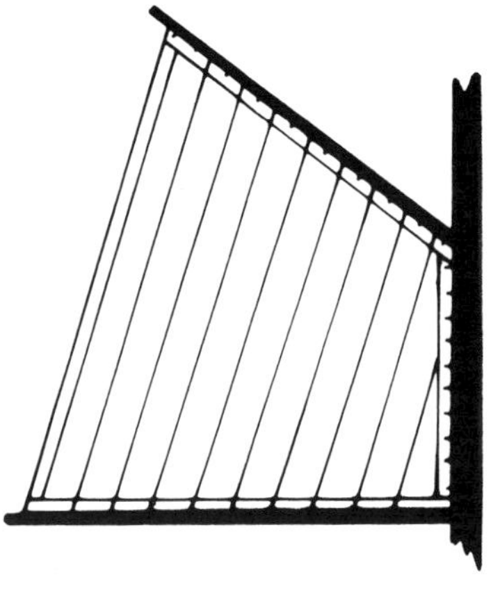

Gaffelsegel

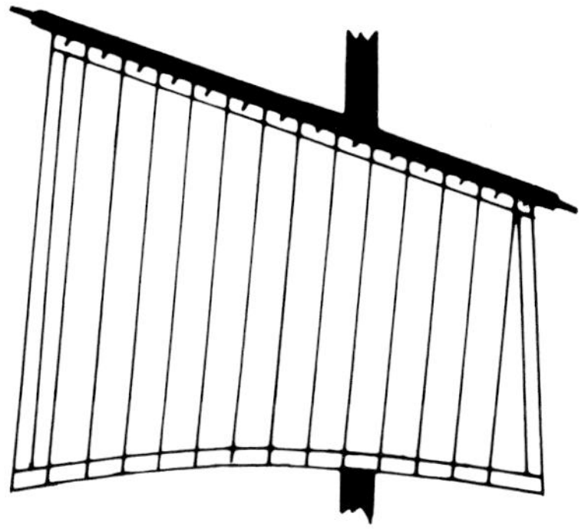

Luggersegel

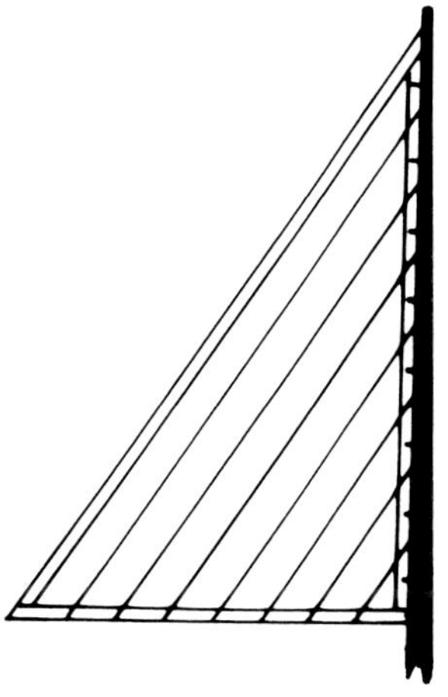

Bermudasegel

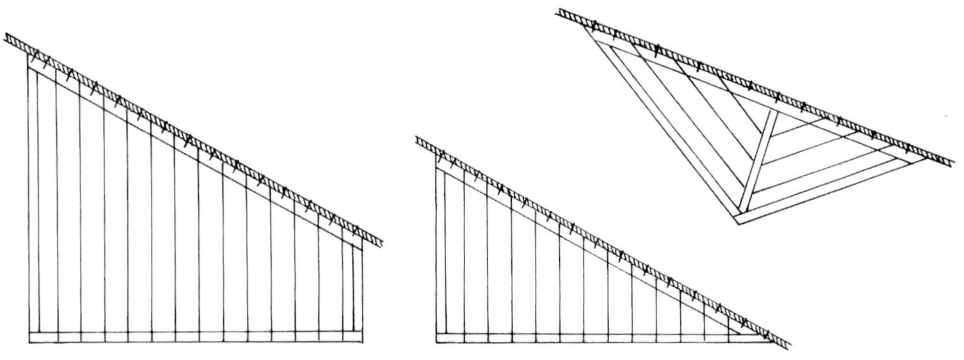

Stagsegel trapezförmig und dreieckig, oben Flieger 19. Jahrhundert.

Bermudasegel:
Dreieckig. Am Mast längsschiffs angeschlagen wurden sie wegen ihrer bequemen Handhabbarkeit seit dem 18. Jahrhundert auf kleineren Schiffen zunehmend beliebt. Seit Mitte des 19. Jahrhunderts zumeist mit einem Baum ausgerüstet sind sie heute „die“ Segel für Sportsegelboote.

Luggersegel:
Viereckig. An einer längsschiffs stehenden Rah angeschlagen. Man unterscheidet zwischen Lugger-Drittelsegeln und Lugger-Viertelsegeln, je nach dem wie lang das Rahende war, das *vor* dem Mast stand. Seit der Antike bekannt waren Luggersegel vor allem auf kleineren Schiffen, aber auch in Ostasien sehr beliebt, wo sie vielfach mit einem Baum ausgerüstet wurden.

Stagsegel:
Dreieckig, gelegentlich auch trapezförmig. Gefahren längsschiffs zwischen den Masten und meist an den Stagen angeschlagen. Auf kleinen Schiffen schon seit

Bezeichnungen der Segel auf Schiffen bis etwa 1830:

1. Blinde, 2. Oberblinde (rechts Anordnung wie sie bis etwa 1715 gebräuchlich war).
3. Außenklüver, 4. Binnenklüver, 5. Vorstengestagsegel.
6. Fock, 7. Vormarssegel, 8. Vorbramsegel, 9. Vorroyalsegel.
10. Vorunterleesegel, 11. Voroberleesegel, 12. Vorbramleesegel.
13. Großstagsegel, 14. Großstengestagsegel, 15. Großmittelstagsegel, 16. Großbramstagsegel.
17. Großsegel, 18. Grosmarssegel, 19. Großbramsegel, 20. Großroyalsegel.
21. Besanstagsegel, 22. Besanstengestagsegel.
23. Besansegel, 24. Kreuzsegel, 25. Kreuzbramsegel.
26. Bonaventursegel, 27. Bonaventurmarssegel.

Bezeichnungen der Segel auf Schiffen etwa ab 1830:

1. Jager oder Flieger, 2. Außenklüver, 3. Binnenklüver, 4. Vorstengestagsegel.
5. Fock, 6. Voruntermarssegel, 7. Vorobermarssegel, 8. Vorunterbramsegel, 9. Voroberbramsegel, 10. Vorroyalsegel, 11. Vorskysegel.
12. Vorunterleesegel, 13. Voroberleesegel, 14. Vorbramleesegel, 15. Vorroyalleesegel.
16. Großstagsegel, 17. Großstengestagsegel, 18. Großmittelstagsegel, 19. Großbramstagsegel, 20. Großroyalstagsegel.
21. Großsegel, 22. Großuntermarssegel, 23. Großobermarssegel, 24. Großunterbramsegel, 25. Großoberbramsegel, 26. Großroyalsegel, 27. Großskysegel, 28. Mondgucker (Mondsegel).
29. Kreuzstagsegel, 30. Kreuzstengestagsegel, 31. Kreuzbramstagsegel, 32. Kreuzroyalstagsegel.
33. Kreuzsegel, 34. Kreuzuntermarssegel, 35. Kreuzobermarssegel, 36. Kreuzunterbramsegel, 37. Kreuzoberbramsegel, 38. Kreuzroyalsegel, 39. Kreuzskysegel.
40. Besanstagsegel, 41. Besanstengestagsegel, 42. Besanbramstagsegel.
43. Besan, 44. Besangaffeltoppsegel.

dem 16. Jahrhundert gefahren, wurden sie im 17. auch auf großen Schiffen übernommen und vermehrten sich danach fast kaninchenartig.

Leesegel:
Quadratisch oder trapezförmig. Es waren Hilfssegel zur Vergrößerung der Segelfläche. Seit 1580 nachgewiesen, wurden sie an eigenen kleinen Rahen angeschlagen.

Segelnamen
Die nebenstehenden Abbildungen zeigen die Segel von Schiffen vor und nach etwa 1830 mit all ihren möglichen Segeln.
Natürlich handelt es sich hier um reine Hybridschiffe, die nur zeigen sollen, welche Segel überhaupt gefahren werden konnten bzw. wie diese hießen. In der Realität war beispielsweise zur Zeit, als Stagsegel eingeführt wurden, der Bonaventurmast bereits wieder verschwunden ...
Die Leesegel sind nur am Fockmast backbord eingezeichnet. Natürlich gab es sie auch an steuerbord – man unterschied sie demnach mit dem Vorwort „Back-

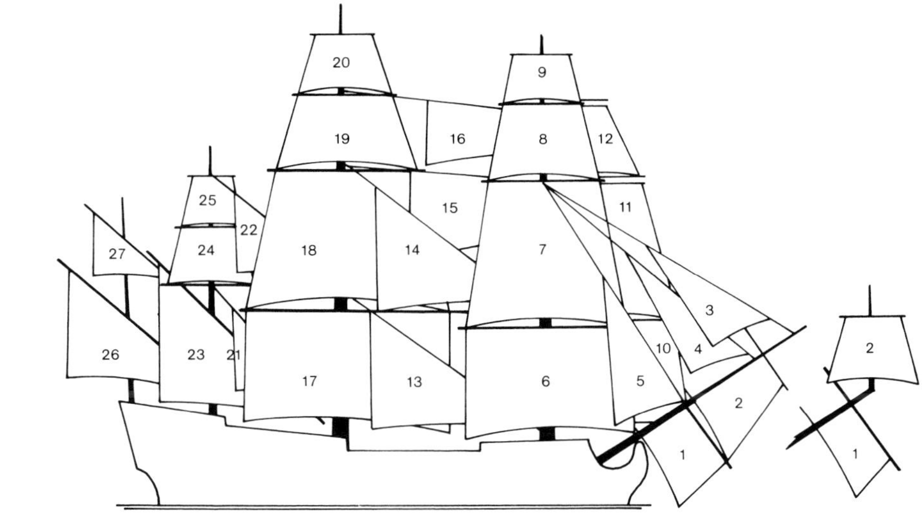

Bezeichnungen der Segel auf Schiffen bis etwa 1830:

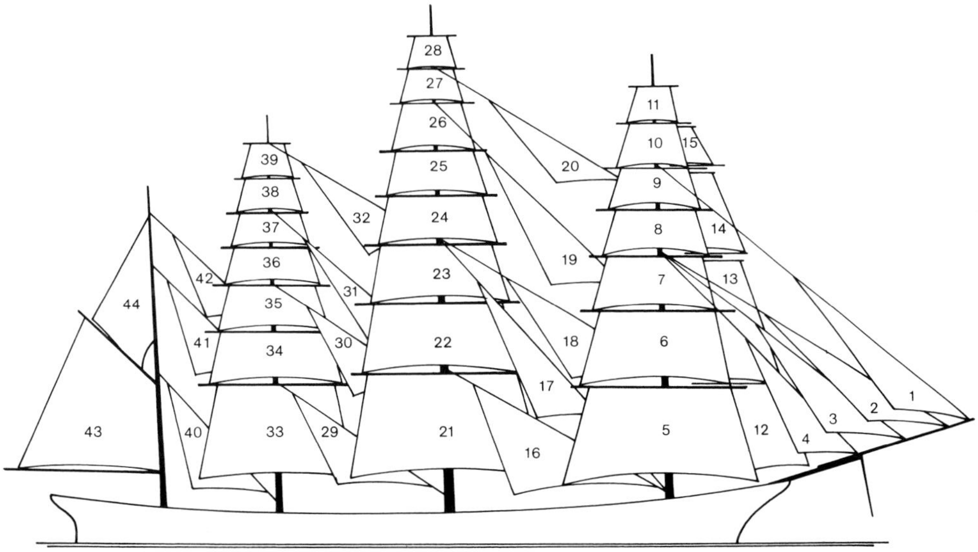

Bezeichnungen der Segel auf Schiffen etwa ab 1830:

bord-" bzw. „Steuerbord-". Natürlich gab es sie auch an den anderen Masten, wobei man dann entsprechend die Mastbezeichnung voransetzte. Natürlich ist etwa „Großbram-Steuerbord-Leesegel" ein ziemliches Wortungetüm, aber diese Segel wurden ja auch nur relativ selten tatsächlich gefahren.

Segel-Stoff

„Segeltuch“ ist auch heute noch ein Synonym für ein besonders strapazierfähiges, dichtes Leinengewebe – das musste Segeltuch auch sein, denn schließlich waren es ja die Segel, die den Winddruck auffangen und auf das Schiff umleiten mussten.

Originale Stoffstärken

Seit dem 16. bis gut in die Mitte des 20. Jahrhunderts sind die Maße für Segeltuch-Webungen bekannt und z. B. auch durch Funde wie auf der Wasa von 1628 historisch belegt. Vor dieser Zeit dürften sich die Segel in ihrer Webstärke vermutlich kaum unterschieden haben, allenfalls waren die Kleider durch nicht so breite Webstühle etwas schmäler. Nach dieser Zeit ersetzten zunehmend Kunstfasern das traditionelle Leinen, was den Segelstoff bei gleicher Luftundurchlässigkeit leichter und dünner machte.

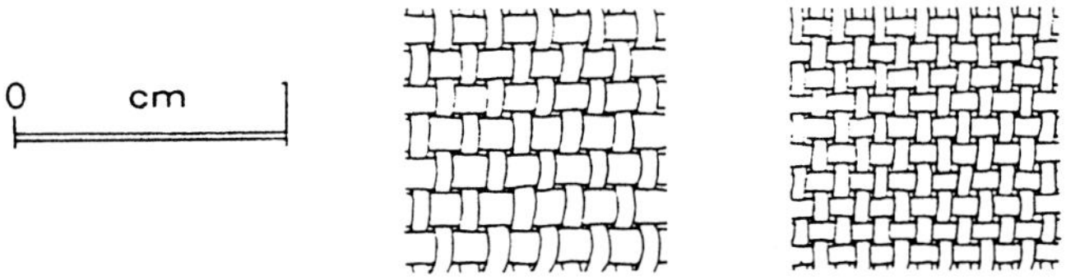

Webestruktur von großen („schweren“) und kleinen („leichten“) Segeln.

Historisch gab es drei Typen von Segeltüchern:
Das stärkste für Unter- und Marssegel großer Schiffe war mit einer Kette (Senkrechtfäden) von ca. 0,65 mm und einem Schuss (Querfäden) von 1,2 mm gewebt, was eine Gesamtstärke von etwa 3,0 mm ergibt. Das leichtere Tuch für alle anderen Segel hatte eine Kette von ca. 0,45 mm mit einem Schuss von 0,7 mm mit einer Gesamtstärke von 1,8 mm. Das leichteste Tuch für Kleinschiffsegel mit einer Kette von 0,3 mm und einem Schuss von 0,5 mm, gesamt 1,2 mm.
1,6, sogar 3,0 mm originale Stoffdicke klingt zunächst nach nicht sonderlich viel. Aber haben Sie solch einen (von der Feuchtigkeit sogar noch etwas aufgequollenen) Stoff je in der Hand gehabt? Von Säumen, Nähten, Dopplungen und anderem abgesehen sind das in der Realität bösartig starre „Bretter“!

Modellsegel:

Modellbautechnisch ist die Wahl des Segelstoffs freilich ein echtes Problem – oder auch keines, da es nur zwei Alternativen gibt, die freilich beide ihre Fehler haben wie in Bd. 2 Material und Werkzeug im Kap. Textilien bereits kurz angesprochen.

Stoff (Baumwollbatist):

Die eine Alternative ist eben echter Stoff.
Doch wenn originale Segel auch starre „Bretter“ waren, rechnet man ihre Stärke

etwa auf 1:50 (von kleineren Maßstäben will ich hier gar nicht reden) herunter, dann dürften sie nur zwischen 0,035 und maximal 0,06 mm (für kleine Bootssegel gar nur 0,025) dick sein.
Und so dünnen Stoff gibt es nicht, zumal wenn er auch die beiden anderen Bedingungen erfüllen soll: undurchsichtig und nicht glänzend zu sein. Letzteres schließt nämlich Seide, Chiffon und Kunstfaserprodukte, die man eventuell in annähernder Dünne auftreiben könnte, grundsätzlich aus.
Was bleibt ist ein *Baumwollbatist,* der freilich immer noch (vor allem bei oberen Segeln) bei aller Feinheit eindeutig zu „dick“ ist.

Mein schon oft angeführter Freund Werner Zimmermann hält daher in seinem im Neckar-Verlag erschienenen Buch Das *etwas andere* Schiffsmodell ein leidenschaftliches Plädoyer für Segel aus Papier, genauer gesagt aus *Japan*-Papier. Recht hat er!
Aber eben dann auch wieder *nicht* Recht – wir streiten uns da seit vielen Jahren höchst freundschaftlich über dieses Thema.
Sein Argument: Gemäß seiner durchaus zutreffenden Formel $G = D \times M$ (Graduierung G = mittlere Sichtkonstante zum Modell $D \times$ Maßstab M) – bei einem Modell im Maßstab 1:50 wäre dies ein Sichtabstand von etwa 17,5 Metern zum Original – könne man unmöglich noch Textilstrukturen erkennen. Das stimmt zweifellos!
Mein Argument: Zumindest bei größeren Modellen sind die Segelflächen wirklich „groß“. Davon abgesehen, dass der Betrachter hier irgendwelche, wenn auch noch so feine, Webstrukturen ganz einfach erwartet, sehen solche aus Papier gefertigten Segel ganz einfach allzu glatt und „tot“ aus.

Baumwollbatist ist für Modellsegel das ideale, freilich fast einzig brauchbare Stoffmaterial.
Die Farbe, in der dieser Stoff bereits industriell eingefärbt wurde, ist für Modelle etwa ab dem 17. Jahrhundert ideal.
Die Segel von Schiffen vor dieser Zeit sollten noch etwas dunkler nachgefärbt werden (s. Folgekapitel).
NB: Auf den Fotos von Modellen erscheinen viele Segel tatsächlich „weiß“, was aber nur am Blitzlicht oder den Lampen des Fotografen, nicht an ihrer wahren Farbe liegt.

Japan-Papier:
Wo ich Werner Zimmermann unmissverständlich zustimmen muss und kann, sind die Segel bei kleineren Schiffen – Booten etwa oder Fischereifahrzeugen! Bei einer 1:50-Dicke von etwa 0,02 bis 0,025 mm wäre hier auch der feinste Baumwollbatist eindeutig zu grob, zudem ist bei solch kleinen Segeln eine Webstruktur unnötig, mitunter sogar optisch störend, da sie, mag sie noch so zart sein, von den Feinheiten des kleinen Modells ablenkt. Der Einsatz von „Papier“-Segeln ist da wirklich die einzige vernünftige Möglichkeit!

Ausnahmen:
Und natürlich gibt es immer Ausnahmen, welche die Regel bestätigen.

Beispiel: Wikinger-Prunksegel. Wie aus historischen Quellen, etwa Bildsteinen, hervorgeht, waren diese mitunter aus verschiedenfarbigen Stoffbahnen (etwa Weiß und Rot oder Weiß und Schwarz) „geflochten", so dass eine Art Rautenmuster entstand. Obwohl im Endeffekt auch auf einem Modell ziemlich groß, würde solch ein Segel aus Stoff gnadenlos wie ein überdimensioniertes „Brett" wirken und das ganze Modell „erschlagen". Papier ist da die einzig sinnvolle Lösung.
Beispiel: Etwa im ostasiatischen (oder auch im afrikanischen oder polynesischen) Raum waren Segel oft nicht aus Leinen, sondern aus Schilfmatten gefertigt – um da ein adäquat maßstäblich verkleinertes Material zu finden, bedarf es wahrlich etlicher Mühe und Phantasie des Modellbauers! Doch auch Stoffsegel waren erheblich gröber gewebt als europäische. Als ich für das Deutsche Technikmuseum in Berlin die große Dschunke Tek Sing baute, verwendete ich also einen Nesselstoff für die Segel (Näheres dazu in Bd. 11 Allerlei Exoten).

Etwa in Ostasien waren die Webstrukturen der Segel erheblich gröber als etwa in Europa oder Amerika. Der Stoff für Modellsegel muss deshalb ebenfalls entsprechend gröber gewählt werden (s. auch Bd. 11 Allerlei Exoten). Im Bild das Segel der chinesischen Dschunke Tek Sing. (Modell von Wolfram zu Mondfeld, Reichling, im Deutschen Technikmuseum, Berlin)

Andere Materialien:
Segel kann man eigentlich nur aus Stoff oder allenfalls Papier anfertigen. Bei an der Rah geborgenen Segeln können allerdings auch Papiertaschentücher (vorzugsweise der Marke Tempo, sie sind tatsächlich die reißfestesten) höchst sinnvoll eingesetzt werden (mehr dazu s. Kap. Geborgene Segel).

Woraus auch immer man seine Segel schneidern mag, vor einem Fehler sollte man sich unbedingt hüten: Und dieser Fehler ist das Segelmaterial zu „mischen"! Stoffsegel unten und Papiersegel oben mag der maßstäblichen Theorie zwar mitunter sogar nahe kommen, sieht aber in der modellbauerischen Praxis ganz einfach (entschuldigen Sie den Ausdruck!) „beschissen" aus!

Segel-Farben

Auch dieses Thema wurde in Bd. 2 MATERIAL UND WERKZEUG bereits grundsätzlich angesprochen, hier folgt nun die detaillierte Vertiefung des Themas.
Wie in Bd. 2 bereits erwähnt, müssen auch nahezu alle Segelstoffe eingefärbt werden, denn die legendären „weißen Segel“ *gab es in Wirklichkeit ganz einfach nicht!* Und viele Segel waren auch im Original gar nicht „weiß“!
Geduld ist hier wieder einmal das oberste Gebot, denn da die Segel einen nicht unerheblichen Teil der Modellfläche ausmachen, muss man ihnen wahrlich besondere Sorgfalt zukommen lassen!
Ehe man größere Mengen an Stoff einfärbt, sollte man *unbedingt* zunächst an kleinen Stückchen Farbproben machen! Das erspart einem im Zweifelsfall nicht nur eine Menge Ärger, sondern auch Kosten! Außerdem sollte man frisch gefärbte Stoffe *nie* auswinden, sondern tropfnass und faltenlos aufhängen und so trocknen lassen! Falls sich trotzdem gewisse Farbunterschiede zeigen sollten: Nicht aufregen! In Wirklichkeit war das ja auch nicht anders!

„Weiße“ Segel:

Real schwankte die Farbe historischer Segel von einem hellen Beige über helles Beige-Grau bis zu einem beige- oder ockerstichigem Grau.
Als Faustregel kann gelten: Je älter das Schiff, umso „dunkler“ die Segel.

Auch sollte das Originalalter der Segel berücksichtigt werden: Je länger benützt, um so „vergammelter“ wirkten sie. Als ich für das Deutsche Technikmuseum in Berlin ein Modell der SAVANNAH baute, jenes Schiff, das 1819 erstmalig zumindest teilweise unter Dampf den Atlantik überquerte, stieß ich in den Unterlagen auf eine Bemerkung, dass Moses Rogers für jenes Schiff (spöttisch als „Dampfsarg“ bezeichnet, da man seinem Erfolg gründlich misstraute), einen „alten“ Satz Segel kaufen musste, unter dem das Schiff auch den größten Teil der Reise zurücklegte. Die geflickten und verfleckten Segel des Modells würden zweifellos bei manchem „Akademiker“ und Preisgerichtjuror kalte Schweißausbrüche verursachen – aber so war die historische Realität nun einmal! (Ein Foto des Modells s. Bd. 6 SICHTBARE SCHIFFSMASCHINEN)

Tatsächliche Farben von „weißem“ Segeltuch – je älter, desto dunkler.

Färbemittel

Es kommen vor allem in Frage:

Tee
Schwarzer Tee (auch Kräutertees usw.) gelten immer noch als „das“ Mittel, um Modell-Segelstoffe einzufärben. Die Farbwirkung ist freilich oft ein wenig schwach. Man muss also einen sehr starken Aufguss machen und ihn entsprechend lange ziehen lassen. Ist nach dem Trocknen das Ergebnis zu blass, die ganze Prozedur noch einmal, notfalls auch ein drittes Mal wiederholen, bis die Segel den richtigen Farbton haben.

Stofffärbemittel
Entsprechend verdünnt (original sind die Farben fast immer zu kräftig) sind sie eine höchst brauchbare Alternative. Mit den Stofffärbemitteln der Firma DEKA habe ich persönlich beste Erfahrungen gemacht. Auch kann man verschiedene Farbtöne mischen – hier lohnt es sich *wirklich* zunächst einmal mit kleinen Stoffproben zu experimentieren!

Beizen
Sie sind für „weiße“ Segel – allenfalls sowieso nur extrem stark verdünnt – nur mäßig brauchbar. Persönlich habe ich, trotz vieler Versuche, nie so recht befriedigende Ergebnisse erzielen können.

Seidenmalfarben
So sehr ich sie andernorts im Modellbau schätze, halte ich sie für das Färben von Segeln grundsätzlich für ungeeignet, da sie zum „Flecken“ neigen (und was

Bunte Segel waren bei Wikingern durchaus beliebt. Hier die MORA, Flaggschiff Herzog Willems von der Normandie bei der Invasion Englands 1066. (Modell von Wolfram zu Mondfeld, Reichling, für AERO-NAUT, Reutlingen)

auf einem Seidenschal höchst apart aussehen kann, das ist auf einem Segel zumeist einfach scheußlich).

Gestreifte Segel

Im Mittelalter, manchmal in Nordeuropa, vor allem aber lange Zeit im Mittelmeerraum, waren gestreifte Segel durchaus beliebt.
Bevorzugte Farbkombinationen waren Weiß-Rot, Weiß-Grün, Weiß-Schwarz, Weiß-Ocker und gelegentlich Weiß-Blau.

In der Praxis färbt man seinen Segelstoff zunächst entsprechend „Weiß“ ein. Dann muss das Segel zunächst genäht und (noch ohne Reffbänder und Verstärkungen!) geklebt werden (s. Kap. Segel nähen und Säume und Verstärkungen), damit man den genauen Verlauf der „Kleider“ hat, die nun farbig gestaltet werden sollen.

Stofffärbemittel, Beizen und **Seidenmalfarben** sind zum Einfärben einzelner Kleider absolut ungeeignet, da sie auf ein „weißes“ Nachbarfeld *auslaufen* (Modellsegel sind ja nicht tatsächlich aus einzelnen „Kleidern“ genäht – s. Kap. Segel nähen).

Wasserfarben, entsprechend „trocken“ aufgebracht, und **Kaseinfarben** (s. Kap. Segel malen) halten da zwar genau „die Linie“, sind aber zu „dicht“, d. h. sie schmieren die Textilstruktur zu, was zwar bei Malereien, nicht jedoch bei gefärbten Kleidern statthaft ist. Entsprechend mit Wasser verdünnt, laufen sie wieder aus.

Das Stadtsiegel von Kiel aus dem 14. Jahrhundert. Bunte Segel waren zweifellos zwar Parade- bzw. Prunksegel, aber was hindert Modellbauer daran sein Schiff in der besten Situation darzustellen? (Zeichnung von Werner Zimmermann, Augsburg)

Buntstifte sind, meiner Erfahrung nach, hier die einzige Lösung. Sanft und gleichmäßig schraffierend (an einem Probestück ausprobieren!) kann man damit exakt „bunte“ Einzelkleider herstellen. Da Buntstifte nicht „durchfärben“, muss man natürlich die Prozedur auf beiden Segelseiten durchführen, dafür bleibt die Textilstruktur voll erhalten. Freilich sollte man zu diesem Zweck nicht irgendwelche „Kinder-Buntstifte“ verwenden! Optimale Ergebnisse erzielte ich mit den Stiften von „Faber-Castell – Art & Graphic. Polychromos“.
Sollte das Ergebnis zu schwach sein, dann lieber *zweimal* schraffieren als *einmal* zu fest aufdrücken!
Das Rot, Englischrot, Grün, Ocker oder Blau werden dann tadellos sein – und wenn das Schwarz noch immer mehr Schwarzgrau denn Tiefschwarz aussieht, dann stimmt das genau, denn jene seinerzeit vornehmlich mit Ruß behandelten Stoffbahnen waren auch nicht wirklich „schwarz“, sondern „tiefdunkelgrau“.

Gelohte Segel

Das „Loh“ – zusammengemischt aus Wasser, Urin, Eichenrinde und einigen anderen Bestandteilen – war lange Zeit jene chemisch verfügbare Brühe, mit der Stoffe imprägniert werden konnten. Die Farbvarianten gingen von einem dunklen Ocker über Englischrot, einem Rost- und satten Dunkelrot bis sogar zu Dunkelbraun, wobei stets ein gewisser Graustich beteiligt war.
Vorteil: Loh machte Leder und Stoffe – nicht nur Segel – relativ unempfindlich gegen Witterungseinflüsse.
Nachteil: Loh färbte nicht nur Segel nachhaltig in Farbtöne von Ocker bis dunkelstem Braunrot ein. Das musste seinerzeit – damals war er gewiss 50 Jahre jünger – auch ein zweifellos höchst reinlichkeitsbedürftiger Färbergeselle erfahren, der im Dorf nur „der Neger“ genannt wird. Damals war er dunkelbraun – nicht nur im Gesicht, sondern „überall“ gefärbt, wie seine inzwischen silberhaarige Gattin kichert – am Samstagabend im Wirtshaus erschienen. Auf die Frage, was ihm denn zugestoßen sei, knurrte er nur: „I ho in da Lohbria bod“ (hochdeutsch: „Ich habe in der Lohbrühe gebadet“). „An so sauberen Hochzeiter kriegt ma ned so leicht“ („Einen so sauberen Bräutigam bekommt man nicht so leicht“) lacht die Frau (einst das hübscheste Mädel der Gegend), die kürzlich die Goldene Hochzeit mit ihrem „Neger“ gefeiert hat. „Bis a wieda d' Forb abkriegt hat“ gesteht sie, „des hat freili drei Wocha dauat“ („Bis er wieder die Farbe abbekommen hat, das hat freilich drei Wochen gedauert“) und setzt energisch hinzu: „Aber gstinkert war er nie!“ („Aber gestunken hat er nie!“).

Beizen

Sie sind in diesem Fall ideal, zumal sie auf Naturholzfarben ausgerichtet sind,

Beispiel für verschiedene Farbtöne gelohter Segel.

Die venezianische Cocca S*CORPIO* *um 1300 mit gelohten Segeln.*
(Modell von Wolfram zu Mondfeld, Reichling, für das Deutsche Technikmuseum, Berlin)

Farben also, wie sie seinerzeit ja auch in der Lohbrühe erzielt wurden. Selbstverständlich sollte man auch hier mit Stoffschnitzeln zunächst den rechten Farbton erproben!

Stofffärbemittel
Sie sind in diesem Fall ebenfalls geeignet, aber – erfahrungsgemäß – nur zweite Wahl.

Rotwein
Solche Flecken „bekommt man nie wieder heraus“ und ist natürlich nur für „rote“ Segel verwendbar, aber ein Modellbauerfreund hat in einem entsprechenden Fall damit ausgesprochen ideale Ergebnisse erzielt.

Buntstifte
Man kann sie, entsprechend dünn schraffiert (Vorder- *und* Rückseite!) zum erwünschten Abtönen benutzen, allerdings ist das ein äußerst mühsames Geschäft.

Die eben genannten Färbemethoden gelten natürlich nur für die *Stoff*segel!

Papiersegel

So man das benötigte Material nicht ohnehin im erwünschten Farbton bekommt, kann man es ebenfalls sehr gut mit Buntstiften einfärben, zumal es sich ja nicht um große Flächen handelt. Von wässrigen Färbemitteln sollte man lieber Abstand nehmen, es ist oft ganz schön schwierig hinterher das Segel wieder glatt zu bekommen.

Verschmutzte Segel

So wirklich sauber waren Segel eigentlich fast nie, es sei denn, sie kamen gerade frisch aus der Segelschneiderei. Vor allem jedoch waren die Schornsteine von mit dampf-/segelbetriebenen Schiffen die totalen Dreckschleudern, und selbst auf den elegantesten, werftneuen Passagierschiffen überzog bereits wenige Stunden nach dem ersten Auslaufen ein schmieriger Rußfilm die Decks und natürlich auch die Segel, zumal jene, die hinter dem Schornstein standen, weshalb man das Stag hinter dem Schornstein oft als „Kohlestag“ bezeichnete und die Segel hinter ihm als „Schmutzsegel“.
Wie weit man diese historische Realität auf seinem Modell nachvollziehen will, ist persönliche Geschmackssache – persönlich habe ich mein Modell der Great Britain von 1845 für das Deutsche Technikmuseum in Berlin in einem Zustand (s. Bd. 1 MODELLE UND VORKENNTNISSE Kap. Dargestellte Situation) dargestellt, als das Schiff werftneu vor der Jungfernfahrt und noch ohne angeheizte Kessel im Hafen lag (was bei meinem „fotorealistischen“ Freund Werner Zimmermann trotzdem zumindest heftiges Stirnrunzeln auslöste).

Pastellkreide

Ist ein ideales Mittel nicht nur um Holz, sondern auch um Segel zu „altern“. Aufbringen darf man sie allerdings erst, wenn das Segel komplett fertig und am besten schon an der Rah angeschlagen ist, denn Pastellkreide verschmiert leicht.

Graphit

Sollte man nur verwenden, wenn man „Schmutzsegel“ von Dampf-/Segel-Schiffen unbedingt realistisch darstellen möchte – dann freilich ist Graphit ideal, denn Graphit ist ja letztlich nichts anderes als Kohlenstaub. Hier kann auch der feine Abrieb eines schwarzen Buntstiftes eine interessante Möglichkeit sein.
Warnung: Unbedingt vorher an einem Probestück ausprobieren! Mancher „realistische“ Modellbauer meint es da mitunter *zu* gut – und versaut sein Modell, denn selbst Werner Zimmermann ist der Überzeugung: „Ein bisschen weniger ist letztlich oft optisch mehr!“
(Für den Einsatz von Pastellkreide wie von Graphit siehe auch Bd. 2 MATERIAL UND WERKZEUG Kap. Modelle altern und Pastellkreide und Graphit).

Segel nähen

Beschäftigen wir uns zunächst einmal mit der historischen Realität:

Kleider und Nähte

Seit der Antike waren Segel nicht aus einem einzigen Stück gewebt – entsprechend breite Webstühle gab es ganz einfach nicht – sondern wurden aus mehreren Bahnen, den so genannten „Kleidern" zusammengesetzt. Dies hatte auch den angenehmen Nebeneffekt, dass der in den Kleidersäumen nun vierfach liegende Stoff dem Segel zusätzliche Stabilität gab.
Die gefundenen Kleider der Segel der 1628 auf ihrer Jungfernfahrt gesunkenen WASA waren ca. 85 cm breit bei „schweren" Segeln (Untersegeln) und ca. 33 cm bei „leichten" (Obersegeln).
Dies sind freilich nur sehr ungefähre Richtgrößen, die in etwa für das 16. bis 17. Jahrhundert galten, die jedoch auch da, je nach Größe des Schiffes, vielfach unter- oder auch überschritten wurden. Im frühen Mittelalter waren die Kleider noch häufig bis zu 120 cm breit, im 18. Jahrhundert waren sie in der Regel zwischen 80 und 70 cm breit und schrumpften im 19. Jahrhundert vielfach bis auf 60 cm – wobei für die beiden Säume jeweils noch rund 5 cm abgingen.

In der Antike waren die Kleider teils längs, teils quer zusammengesetzt, teilweise auch aus viereckigen Stücken längs und quer zusammengenäht. Seit dem frühen Mittelalter standen die Kleider grundsätzlich senkrecht, also längs – und wenn das auf manchen Abbildungen anders aussieht, so kommt das von den Quernähten (s. unten).
Bei Quersegeln waren die Kleider stets nach der Mittellinie des Segels ausgerichtet, wobei es keine Rolle spielte, ob dort eine Bahn oder eine Naht lag – das richtete sich danach, wie man am besten die beiden Endkleider rechts und links möglichst breit halten konnte. Bei Längssegel richtete man die Kleider stets nach dem Achterliek aus (s. Kap. Segelnamen).

Kleider im Original: Links Legen der Kleider. Mitte Vernähen der Kleider. Rechts Z-Stiche Vorder- und Rückseite.

Eine Ausnahme bildeten jene Segel, die man teilweise im 19. Jahrhundert als Flieger und Klüver verwendete, wo man Kleider so anordnete wie die Zeichnung S. 65 zeigt.

Beim Zusammennähen der Kleider begann man traditionell mit der (von vorn gesehen) äußersten linken Bahn und bog deren rechten Saum nach unten. Darunter wurde die zweite Bahn gelegt und deren linker Saum nach oben gebogen und in den Saum der ersten Bahn geschoben. Sodann nähte man das Ganze von vorn und hinten mit Z-Stichen aneinander fest.

Säume

Waren die Kleider eines Segels zusammengenäht, so wurde das Segel zugeschnitten und seine seitlichen Längskanten doppelt eingerollt und entsprechend mit Z-Stichen vernäht. Ebenso verfuhr man anschließend mit der Ober- und Unterkante des Segels. Die seitlichen Säume hatten in der Regel 1/4 der Kleiderbreite, oben und unten 1/3 (doch auch das sind lediglich Näherungswerte, von denen es viele Ausnahmen gab). Die Säume wurden innen mit dem Z-Stich, außen mit einem gerade durchgehenden „linearen“ Gerad-Stich vernäht.
Extremes Misstrauen sollte man industriell gefertigten Segeln (Baukästen) entgegenbringen! Die Säume sind stets nur „eingekettelt“, zudem fehlen grundsätzlich Dopplungen usw. und oft liegen sogar die Kleider falsch. Wie ich schon mehrfach sagte, kann man auch aus guten Baukästen erstklassige Modelle bauen, aber von den angebotenen Segeln kann ich nur empfehlen: Finger weg!

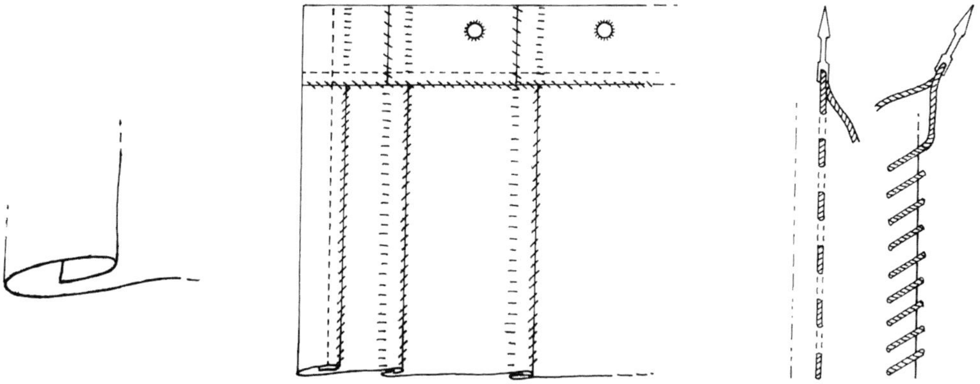

Säume im Original: Links Säume legen. Mitte Säume nähen. Rechts Saumnähte.

Quernähte

Auf zahlreichen Abbildungen, auch noch des späten Mittelalters, sieht es so aus, als seien die Segel auf mehr oder minder quadratischen Stoffstücken zusammengesetzt gewesen. Das ist zumindest in letzterem Fall zweifellos falsch! Zwar waren solche „linearen“ Nähte eindeutig vorhanden, doch sie sollten nicht irgendwelche Stoffteile zusammensetzen, sondern waren – aus einem entsprechend starken Garn gefertigt – dazu gedacht, dem Segel und seinen Kleidern auch quer eine entsprechende Festigkeit zu verleihen. Manchmal ver-

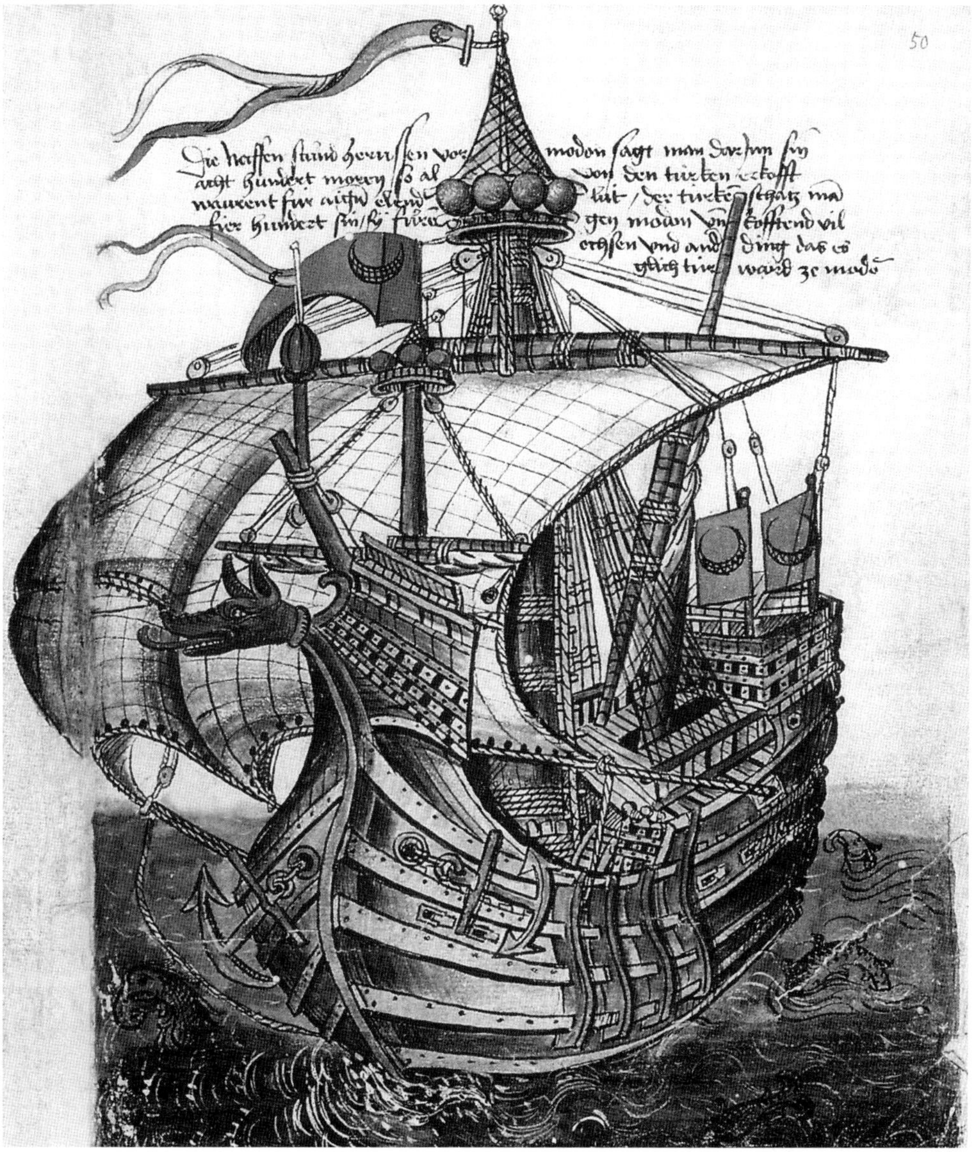

Türkische Karacke aus Grünembergs Pilgerreise von 1486 mit deutlich sichtbaren Quernähten am Segel. Derartige Darstellungen gibt es viele aus jener Zeit.

stärkte man sie auch mit aufgenähten schmalen Stoffbändern. Im frühen 16. Jahrhundert stellte man fest, dass solche Quernähte „nichts brachten“ und ließ sie deshalb vernünftigerweise weg.

Geflochtene Segel

In der Antike, in Afrika, Asien und dem Pazifikraum wurden Segel verschiedentlich aus Schilf oder ähnlichen Materialien geflochten. Mehr dazu in Bd. 11 Allerlei Exoten.

Aufgenähte Stoffstreifen sollten die Segel verstärken wie hier auf einer Abbildung aus der Karte von Pizigani, Parma 1367, gut zu sehen.

In Europa waren es die Wikinger zwischen dem 8. und 10. Jahrhundert, die eine gewisse Liebe zu geflochtenen Segeln entwickelten, wobei die eher schmalen Bahnen quer verflochten und dann untereinander vernäht wurden. Dabei färbte man die Kleider gerne in verschiedenen Farben ein (z. B. die Bahnen von rechts oben nach links unten in Weiß, die von links oben nach rechts unten in Rot oder Schwarz). Dies ergab ein äußerst dekoratives Rautenmuster, wie es auf vielen Bildsteinen zumal aus Gotland heute noch zu sehen ist. Dieses Verfahren war freilich aufwändig und teuer. Zudem waren diese Segel durch die doppelte Stofflage schwer und sperrig, d. h. schwer zu bedienen. Man kann also durchaus von der Annahme ausgehen, dass dies reine Prunksegel waren, die nur zu besonderen Anlässen gesetzt wurden.
Auf einem Modell solche Segel aus Stoff herstellen zu wollen ist unsinnig, weil sie viel zu dick werden. Entsprechend farbige Streifen aus Japanpapier (natürlich nicht genäht, sondern geklebt) eignen sich dafür jedoch hervorragend.

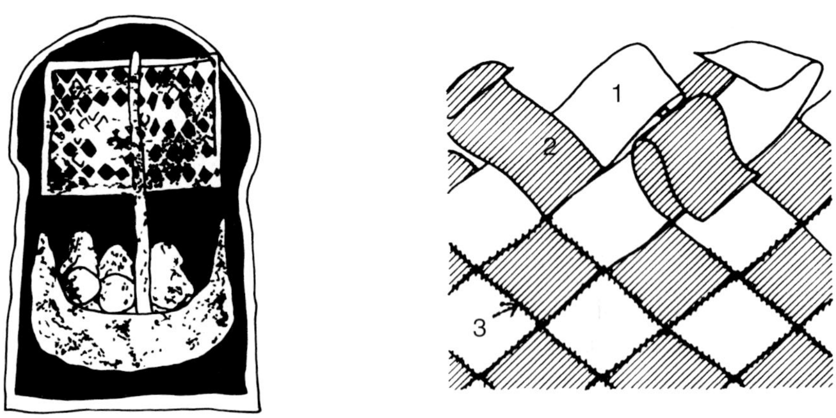

Vielen Quellen zufolge (Bildsteine aus Gotland) waren die Prunksegel von Wikingerschiffen bis ins 10. Jahrhundert oft aus verschiedenfarbigen Stoffstreifen geflochten, wobei man gewöhnlich Streifen in verschiedenen Färbungen verwendete. Links der Bildstein von Bopparve auf Gotland um 800 n. Chr., rechts Flechtmuster: 1. Stoffstreifen (z. B. weiß), 2. Stoffstreifen (z. B. rot), 3. Naht.

Verstärkungen und Dopplungen

Segel waren teuer – *viel* zu teuer, um sie etwa nach Sturmschäden (oder einfach nur nachdem sie nach einer gewissen Zeit „Materialsermüdungen" zeigten) einfach wegzuwerfen und neue anzuschaffen.

Verstärkungen

So war es nur logisch, dass man die Segel mit entsprechenden Dopplungen, d. h. zusätzlich aufgenähten Tuchlappen, an den gefährdeten Stellen zu verstärken suchte. Im späten Mittelalter waren dies zunächst die Schot-, dann die Nockhörner.
Da der Fuß der Marssegel zwangsläufig immer wieder mit den entsprechenden Stagen in Berührung kam – auch wenn man dies mit Hahnepoten etwas abzu-

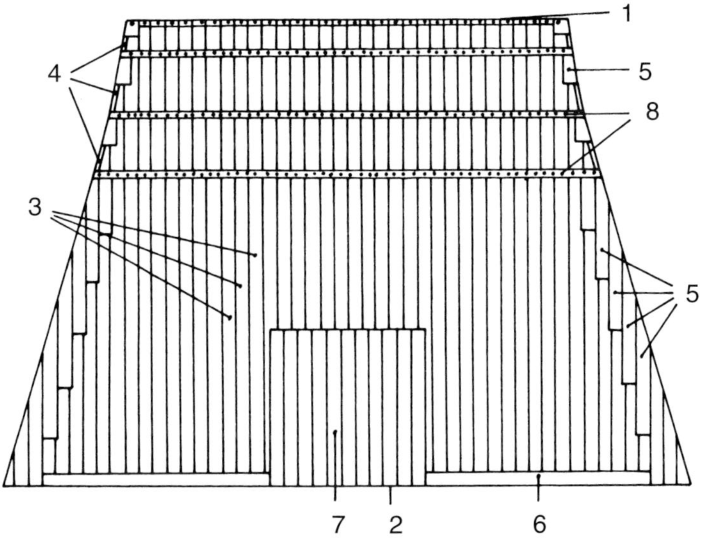

Teile eines Segels: 1. Kopf, 2. Fuß, 3. Bahnen oder Kleider, 4. Saum, 5. Seitendopplungen, 6. Fußdopplung, 7. Stoßlappen, 8. Reffband.

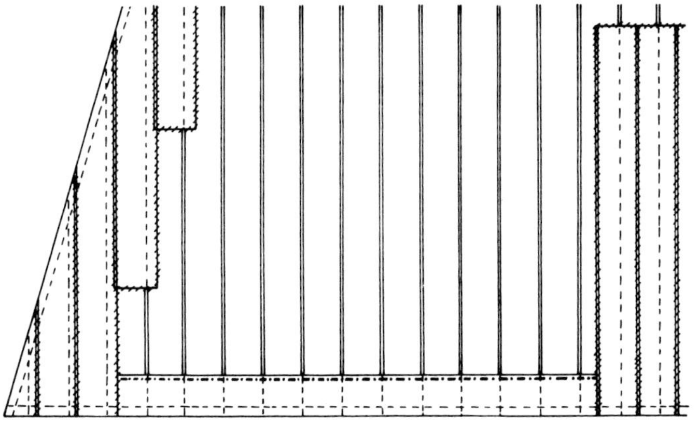

Aufnähen von Dopplungen. „Französische Methode". „Englisch" bevorzugte man durchgehende „glatte" Dopplungen.

federn versuchte – versah man bereits kurz nach ihrer Einführung die Mitte des Marssegelfußes mit einem Stoßlappen.
Seit Mitte des 16. Jahrhunderts wurden auch die Außenkanten von Groß- und Marssegeln zunehmend entsprechend verstärkt. Und seit dem frühen 19. Jahrhundert zog sich schließlich ein wahres Spinnennetz solcher aufgenähter Verstärkungen über die Segel.
Ausgesprochene Prunksegel (s. Kap. Prunksegel malen) verzichteten gewöhnlich auf derlei Verstärkungen. Es waren dies ja ausgesprochene „Schönwettersegel", die ohnehin nur zu besonderen Anlässen oder Paraden gesetzt wurden. Ausnahmen waren jene Segel, die grundsätzlich im 15. und 16. Jahrhundert mit irgendwelchen Erkennungssymbolen bemalt waren, und die sich auch in der Wirklichkeit des rauen Segel-Alltags bewähren mussten.
Verstärkungen bzw. Dopplungen wurden, wie auch die Säume, grundsätzlich auf der achterlichen, also der Rückseite eines Segels angebracht, und zwar so, dass ihre Kleider möglichst mittig die Kleider des Originalsegels überlappten, was den Nähten – Schwachpunkt aller Segel – zusätzlich Stabilität gab. Bei Längssegeln wurden Verstärkungen gewöhnlich auf die Backbordseite genäht.

Dopplungen: Die folgenden Zeichnungen folgen zunächst dem bis etwa 1600 allgemein üblichen europäischen Muster. Sodann dem „englischen" Muster, das sich etwa ab 1680 weitgehend durchsetzte. Die teilweise „kontinentale" Form (entsprechend angegeben) war im 18. Jahrhundert vor allem in Frankreich, den Niederlanden, Spanien und Italien beliebt.
Dies galt für Staats-/Kriegsschiffe. Handelsschiffe folgten in der Regel, wenn auch nicht zwanghaft, diesem Muster.

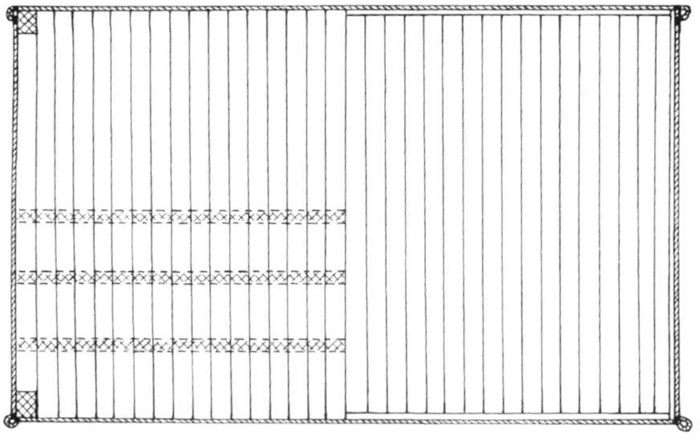

Antike und Mittelalter bis zum frühen 16. Jahrhundert. Gestrichelt mögliche Reffbänder, wie sie im Hochmittelalter durchaus üblich waren.
Unten Verstärkungen durch aufgenähte Bänder.

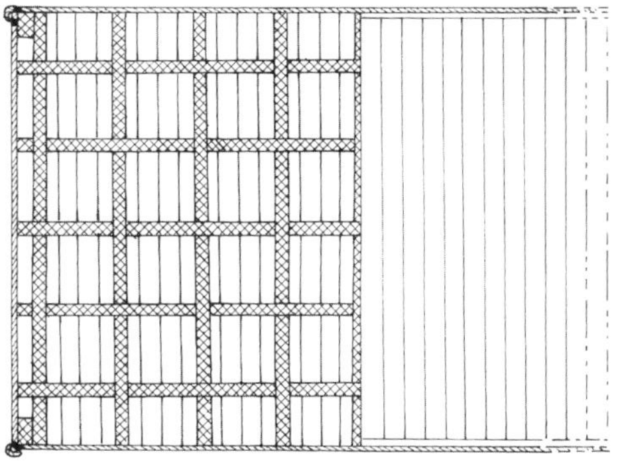

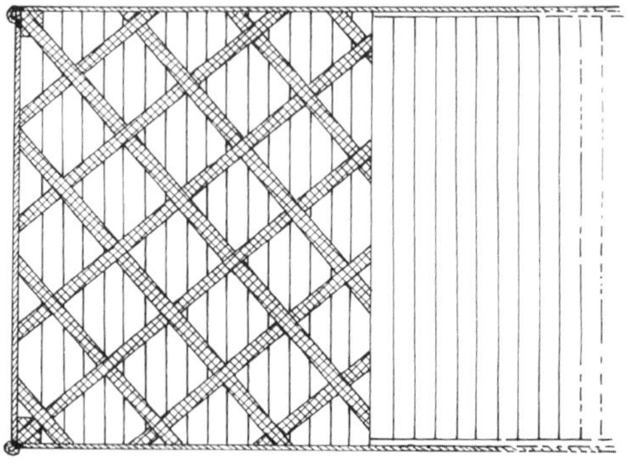

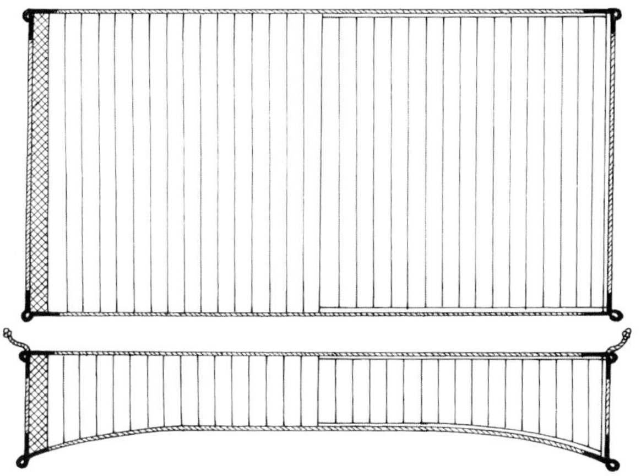

Untersegel ca. 1510 bis 1680.

Zu den Zeichnungen:

Linke Hälfte Vorder- bzw. Bugseite des Segels. Rechte Hälfte Rück- bzw. Heckseite des Segels. Schratsegel stets Backbordseite gezeichnet.

Schraffiert die aufgenähten Verstärkungen. Schwarz die gekleideten Teile des Liektaus.

Die gezeigten Segel sind in ihren Proportionen durchaus stimmig, nicht jedoch in den Größen untereinander (z. B. war ein Marssegel des 19. Jahrhunderts erheblich größer als eines des 17. Jahrhunderts)!
Hier geht es ausschließlich darum, wie Verstärkungen etc. entsprechend korrekt aufgesetzt waren.

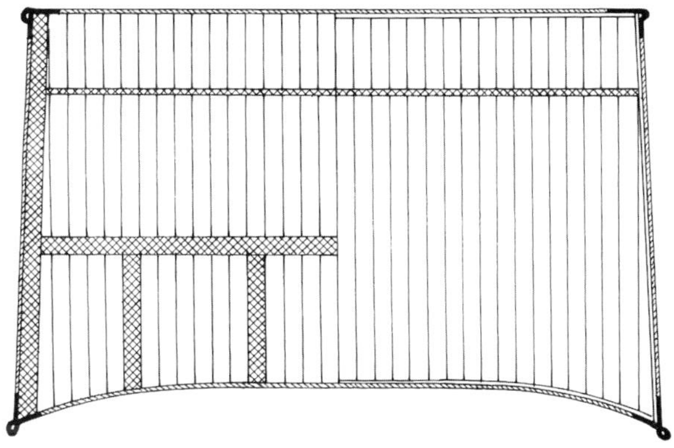

Untersegel ca. 1680 bis 1820.

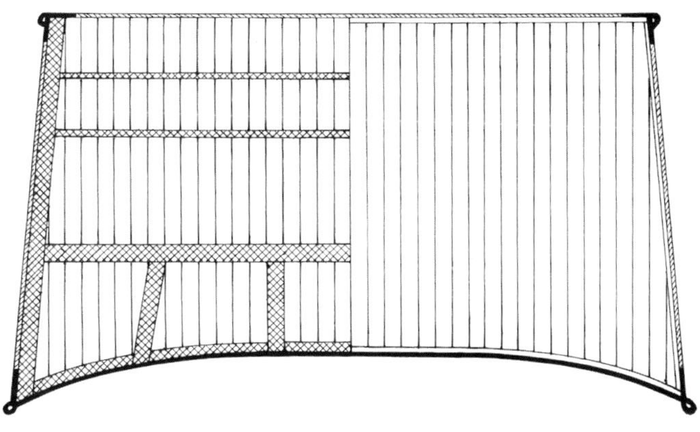

Untersegel nach 1820.

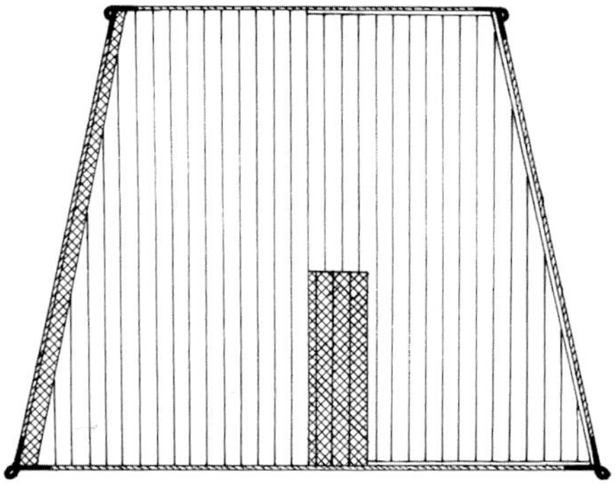

Marssegel bis ca. 1650.

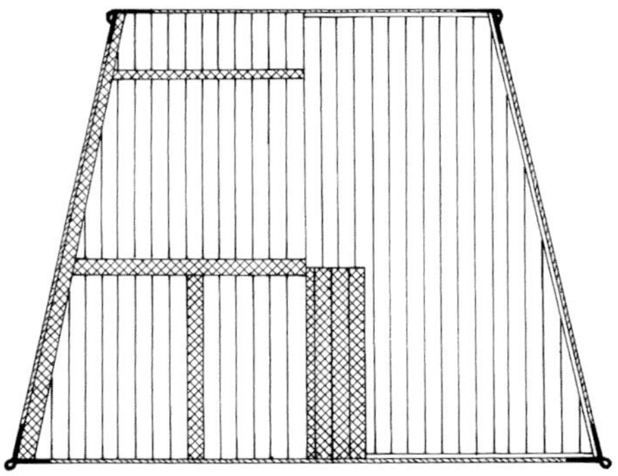

Marssegel ca. 1650 bis 1700.

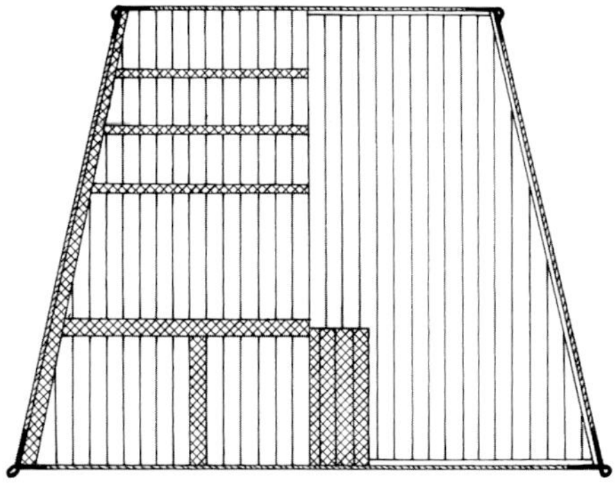

Marssegel ca. 1690 bis 1790.

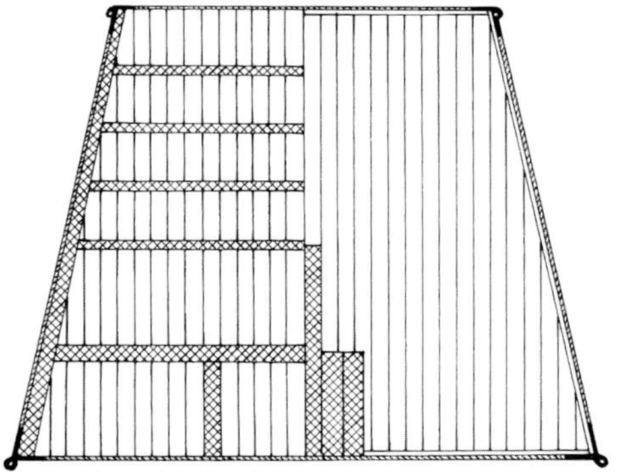

Marssegel ca. 1780 bis 1815.

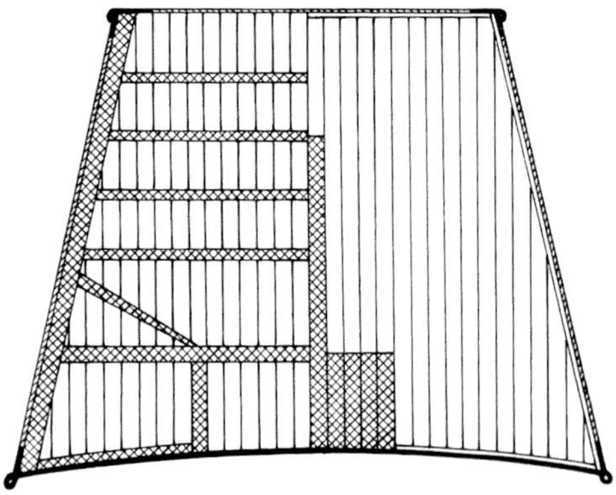

Marssegel ca. 1810 bis 1850.

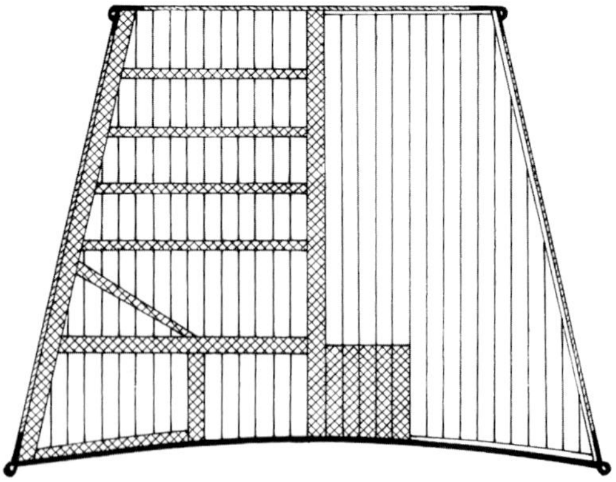

Marssegel nach ca. 1845.

Seit Mitte des 17. Jahrhunderts wurden die Marssegel zunehmend „die“ Vortriebssegel schlechthin, da sie optimal hoch im Wind standen. Da sie sogar noch gesetzt blieben, wenn alle anderen Segel bereits geborgen wurden, wurden sie entsprechend sorgsam mit Verstärkungen und Reffen ausgestattet.

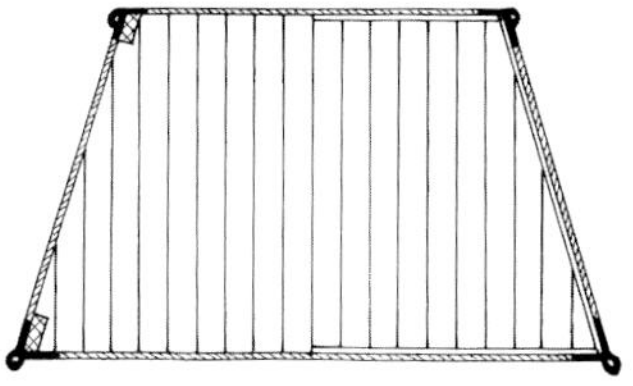

Bramsegel bis ca. 1620.

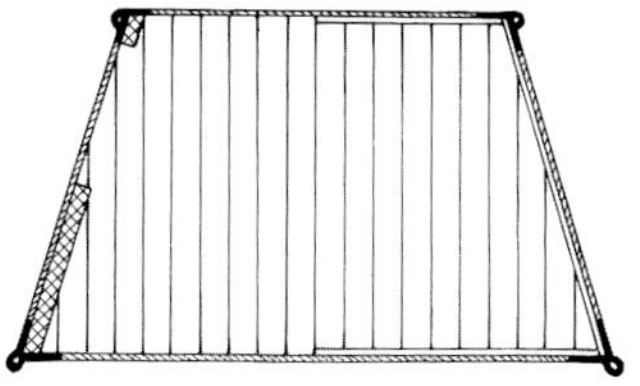

Bramsegel ca. 1620 bis 1680.

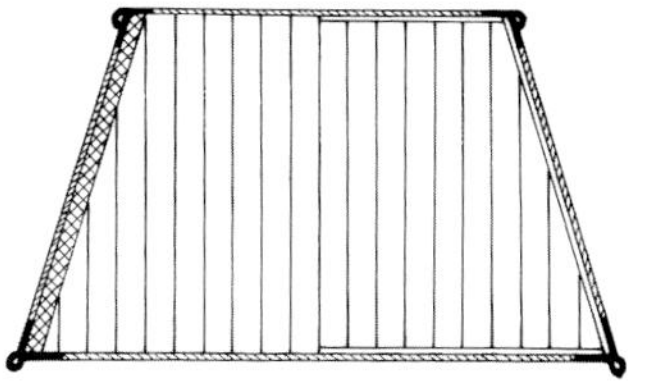

Bramsegel ca. 1680 bis 1810.

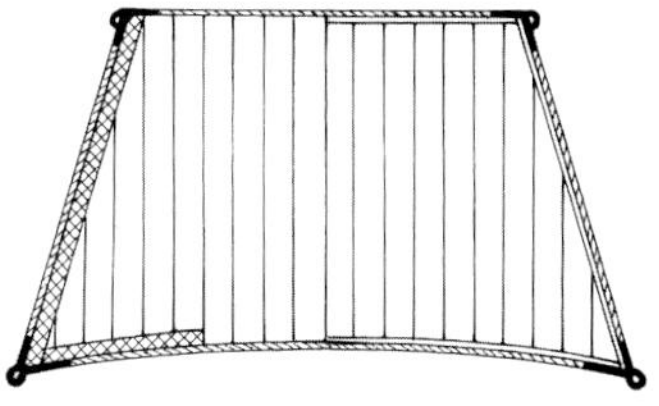

Bramsegel nach ca. 1810.

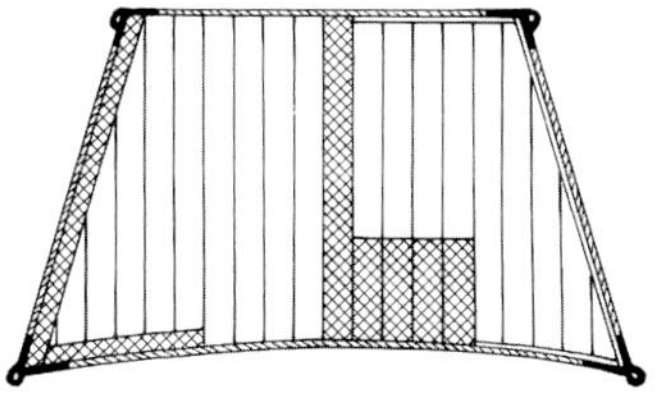

Großbramsegel nach ca. 1810.

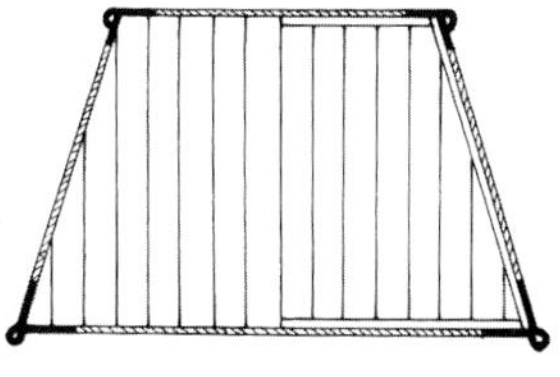

Royalsegel vor ca. 1805.

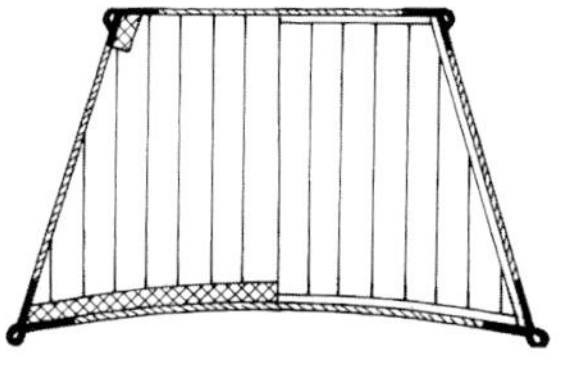

Royalsegel nach ca. 1805.

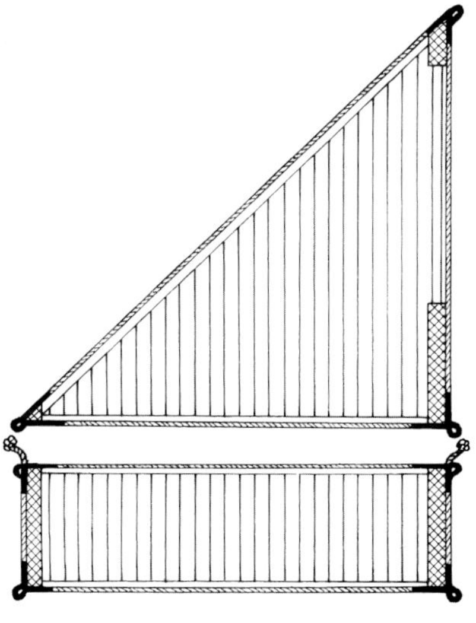

Lateinersegel mit Bonnet vor ca. 1680.

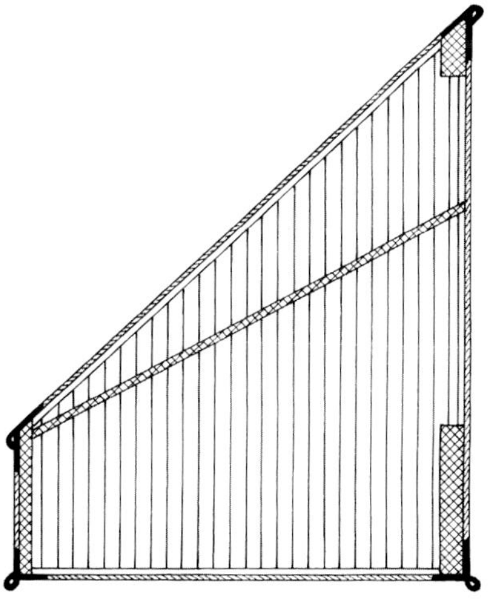

Lateinersegel mit angeschnittener Antuchung („Bonnet") nach ca. 1680.

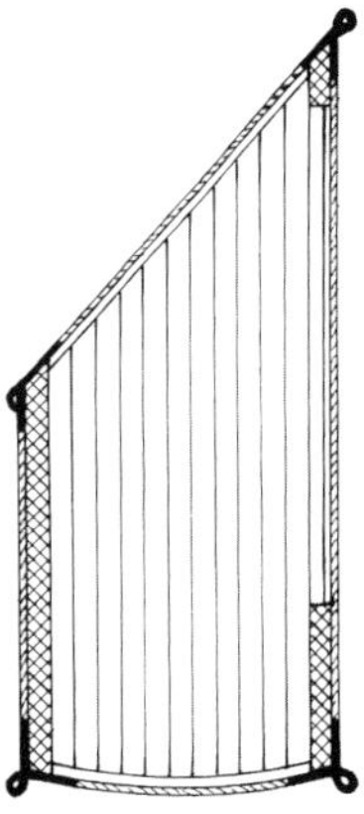

Klausegel vor ca. 1710.

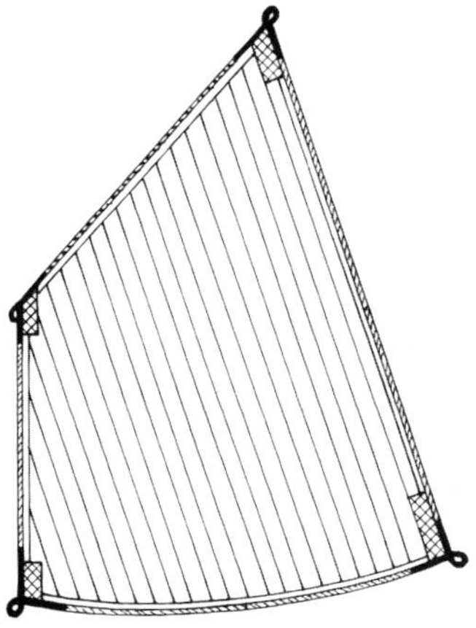

Klausegel nach ca. 1710.

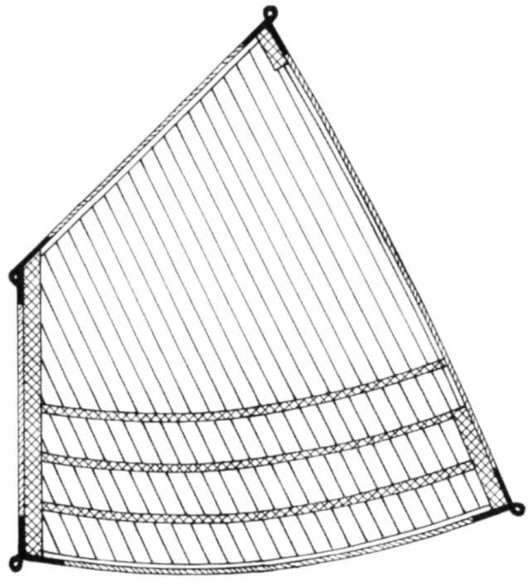

Gaffel-Besan nach ca. 1740.

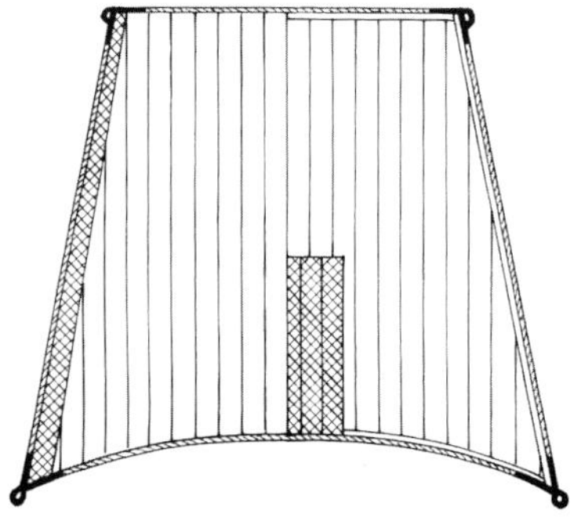

Kreuzsegel bis ca. 1700.

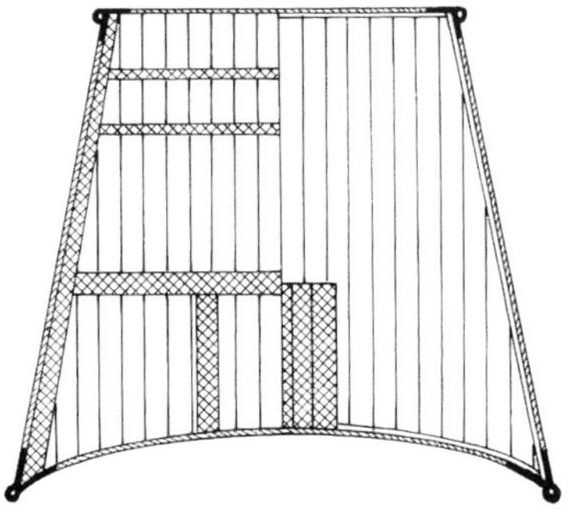

Kreuzsegel ca. 1700 bis 1790.

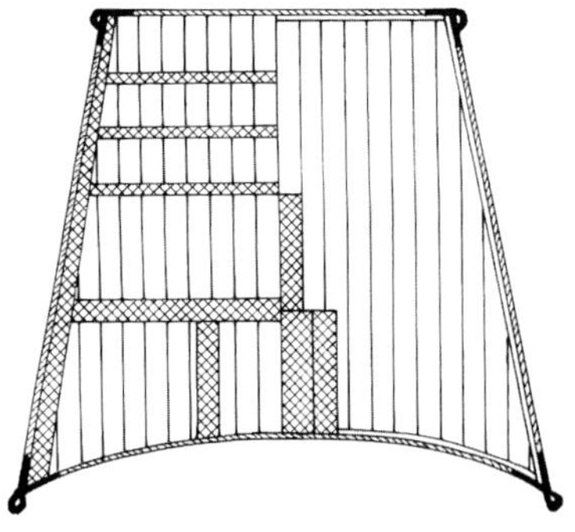

Kreuzsegel ca. 1780 bis 1830.

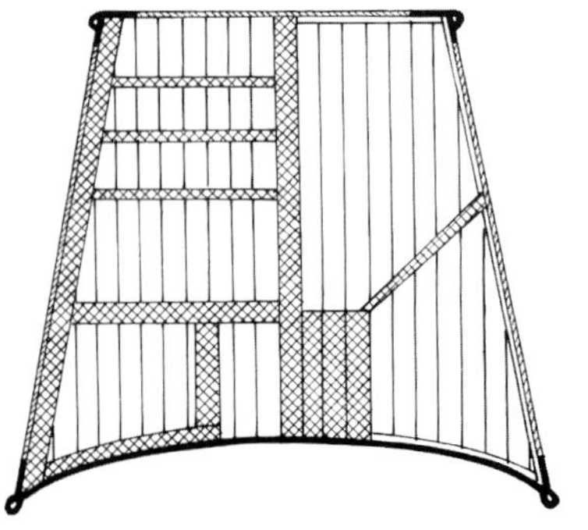

Kreuzsegel ca. nach 1830.

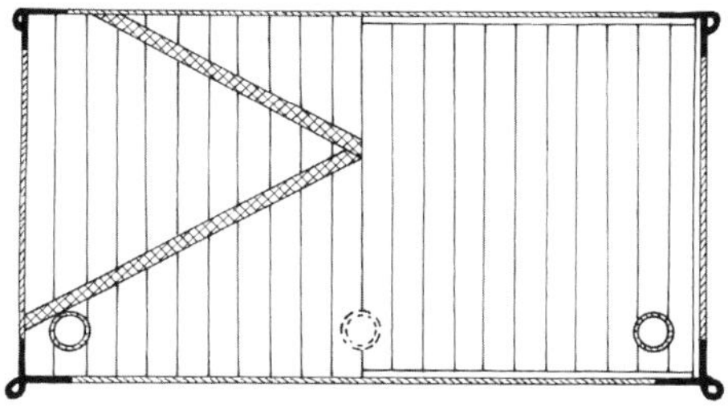

Blinde

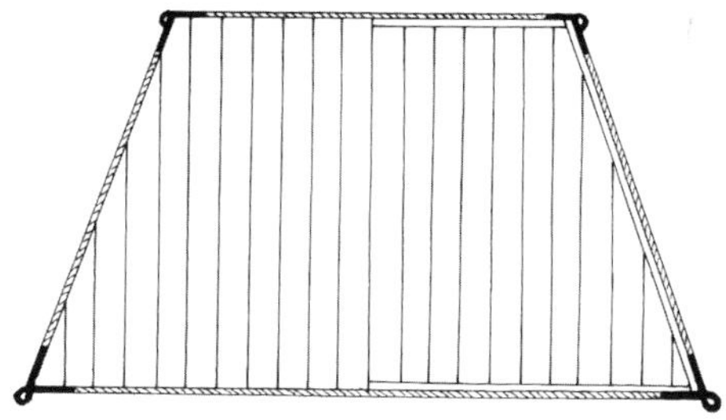

Oberblinde

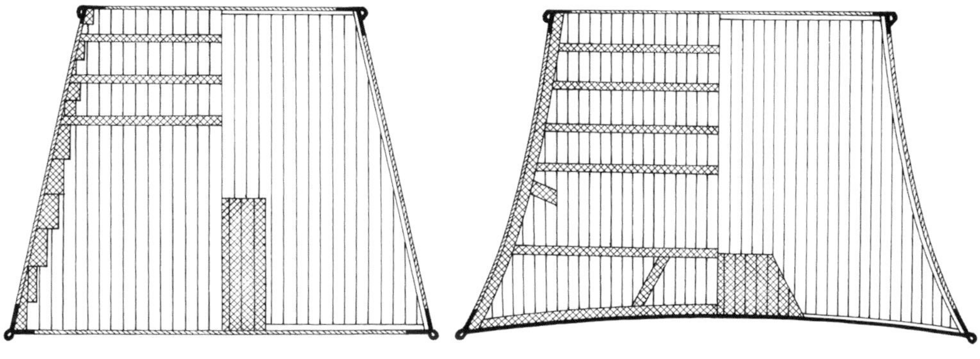

Marssegel mit französisch/kontinentalen Verstärkungen. Links 17./18. Jahrhundert, rechts ab etwa 1850, in der Zwischenzeit wie England.

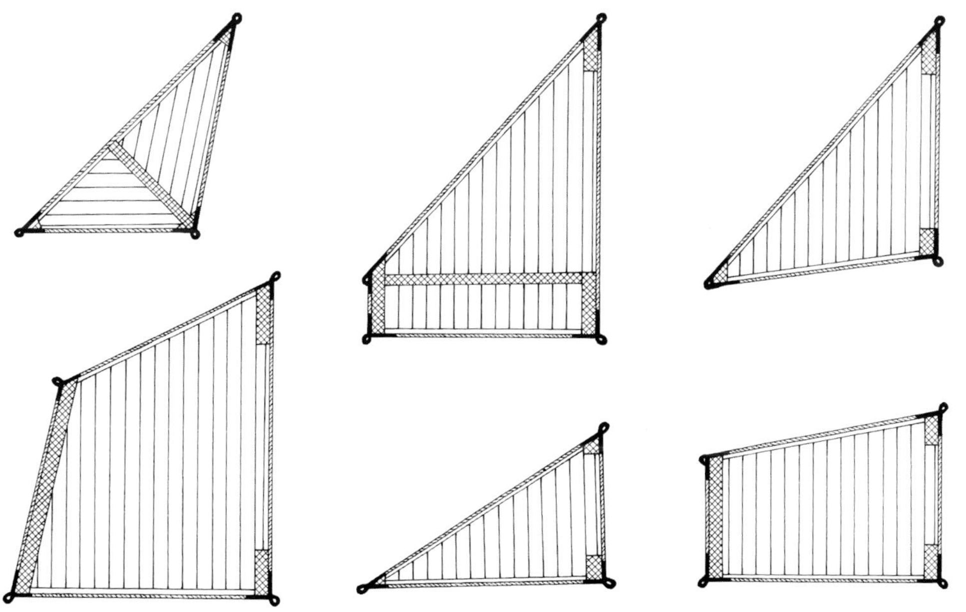

Stagsegel. Oben links Flieger 19. Jahrhundert, oben Mitte Vorstagsegel 18./19. Jh.

Reparaturflicken

Wie schon gesagt waren Segel viel zu teuer, dass man sie wegwarf, wenn irgendwo ein Schaden auftrat. Man reparierte ihn, indem man einen entsprechenden Flicken über die schadhafte Stelle nähte. Auch wenn das Modellbau-Extremisten weh tun mag, historisch (von Prunksegeln einmal abgesehen) gab es kaum ein Segel, das nicht irgendwie mehr oder minder oft auf diese Weise „geflickt" worden war. Die Segel „billiger" Schiffe, etwa Fischereifahrzeugen, bestanden manchmal (bis ins 20. Jahrhundert hinein) oft mehr aus Flicken denn aus originaler Leinwand, wie dies alte Fotos nur zu deutlich zeigen.
Wer nicht nur Idealmodelle baut, sondern den Versuch macht, seine Modelle wenigstens einigermaßen der Wirklichkeit anzunähern (das muss ja noch keineswegs ein „Fotorealismus" sein), der sollte sich über dieses Thema durchaus Gedanken machen. Wie man solche Verstärkungen und Flicken am Modellsegel darstellt, wird im Folge-Kapitel dargelegt.

Originalfoto eines Küstenfahrers an der norddeutschen Küste vom Anfang des 20. Jahrhunderts.
Ja, so „schlimm" mit zahllosen Flicken und teilweise neu eingezogenen Kleidern sahen die Segel in der historischen Realität tatsächlich aus. Selbst Staats- bzw. Kriegsschiffe, wenn sie erst einmal ein paar Jahre in Dienst waren, machten da keine Ausnahme!
Wie weit sich ein Modellbauer dieser historischen Realität bei seinem Modell anschließen mag, ist natürlich seinem ganz eigenen Geschmack überlassen.

Modellsegel

Wie schon gesagt muss den Segeln eines Modells, da sie ja eine wirklich große Fläche darstellen, größte Aufmerksamkeit und Behutsamkeit gewidmet werden.

Segelschnitt

Wie jeder vernünftige Schneider muss man sich zunächst einen Schnitt aus Papier machen, den man entsprechend am Modell „anprobieren“ und notfalls korrigieren kann. Denken Sie dabei daran, dass die Segel bis ins frühe 19. Jahrhundert ziemlich, im Mittelalter sogar *sehr* „bauchig“ gefahren wurden.

Segel kleben

Davon wird gleich eine Menge die Rede sein. Verwenden Sie zum Kleben von Segeln und anderen Textilien *ausschließlich* PONAL, der ebenso sicher klebt wie anschließend absolut unsichtbar auftrocknet!
Trick: Benützen Sie die gleiche Methode, die ich früher schon mehrfach beschrieben habe: Streichen Sie zunächst beide Klebeflächen dünn mit PONAL ein – trocknen lassen – nochmals einseitig dünn einstreichen und zusammenfügen, der Klebstoff reagiert dann beinahe wie ein Kontaktkleber.

Stoff vorbereiten

Wenn man nicht gerade sein Modell mit in einer Flaute schlaff herunterhängenden Segeln darstellen will (s. auch Kap. Segel im Wind), ist es mehr als sinnvoll, den Segelstoff zunächst etwas zu stärken – das lässt nicht nur später die Segel entsprechend gut stehen, man tut sich auch beim Aufzeichnen und Nähen ganz entschieden leichter, denn ungestärkter Baumwollbatist ist ausgesprochen schlüpfrig.

Färben
Zunächst muss der Segelstoff seine richtige Farbe bekommen. Dazu s. Kap. Segel-Farben.

Stoff zurechtschneiden
Anhand des Schnittes zerschneidet man nun den Segelstoff zunächst in handliche Stücke, wobei man rundum gut 5 cm (eher mehr) Zugabe einrechnen sollte. Auch sollte man den Stoff für all die Verstärkungen usw. nicht vergessen.

Lackierbrett
Ein stabiles Sperrholz- oder Spanbrett von mindestens gut der Fläche des größten Segels. Es wird zunächst mit einer weißen und möglichst glatten Kunststofffolie beklebt (bekommt man im Baumarkt in Rollen) und hat den Zweck, dass der Stoff nicht am Holz festklebt.

Aufspannen
Auf diesem Brett wird nun der Segelstoff mit Hilfe von Pinstiften aufgespannt –

Achtung, dass dabei der Stoff nicht verzogen wird, d. h. Längs- und Querfäden müssen nach wie vor senkrecht zueinander stehen!

Stärken bzw. Lackieren
Nun kann das Stärkemittel aufgebracht werden.

Wäschestärke: Man bekommt sie bei Haushaltswaren inzwischen meist in Sprühdosen oder Sprühflaschen. Die Handhabung ist bequem, allerdings neigen nicht absolut wasserfeste Färbemittel wie Tee oder oft auch Beize (s. Kap. Segel-Farben) zum gnadenlosen „Verflecken" – ein echtes Ärgernis, so dass das nicht, etwa bei meiner SAVANNAH von 1819 in Berlin (s. Bd. 6 SICHTBARE SCHIFFSMASCHINEN), tatsächlich so „gewollt" ist.

Spannlack: Er wird im Flugzeugmodellbau eingesetzt und man bekommt ihn in fast allen Modellbaugeschäften. Persönlich gebe ich ihm eindeutig den Vorzug! Er wird mit einer Sprühpistole (so vorhanden) oder mit einem breiten Pinsel nicht zu dick aufgetragen – je dicker die Schicht, umso steifer der Segelstoff, der auf der Auftragsseite dann allerdings auch unnatürlich zu glänzen beginnt.

Bügeln
Nach dem Durchtrocknen wird der nun mehr oder minder steife Stoff gebügelt. Legen Sie sich ein eigenes „Werft-Bügeleisen" (das keinesfalls ein *Dampf*bügeleisen sein darf oder bei dem zumindest der Dampf abgeschaltet werden muss!) zu, denn an dessen Sohle bleiben unweigerlich Reste von Lack usw. kleben, die Ihre Mutter, Frau oder Freundin auf ihrer Wäsche gar nicht zu schätzen versteht ...

Mit dem Stoff sollte ab diesem Moment außerordentlich behutsam umgegangen werden, d. h.: keine Knitter! Gerade beim Nähen ist dies mitunter etwas schwierig, muss aber sein, denn nach dem Nähen bekommt man ein Segel auch durch nochmaliges Bügeln nicht mehr ordentlich glatt, eher verknittert die Hitze das Teil noch mehr! (Glauben Sie da einem leidgeprüften Modellbauer!)

Aufzeichnen
Auf das nun vorbereitete Tuch wird anhand des Schnittes nun das Segel mit einem mittelharten Bleistift aufgezeichnet samt Kleiderbahnen, Säumen und Verstärkungen (wie und wo diese verlaufen s. auch Kap. Segelnamen, Verstärkungen und Reparaturflicken).

Kleider und Nähte

Zunächst, zwangsläufig, noch mal ein bisschen Theorie:
Wenn mein Freund Werner Zimmermann behauptet gemäß seiner Sichtformel $G = D \times M$ seien beispielsweise auf einem Modell im Maßstab 1:50, also aus einer Originalentfernung von ca. 17,5 m, die Segelnähte gar nicht mehr sichtbar gewesen, so ist dies zweifellos zutreffend.
Was Freund Werner dabei *nicht* bedacht hat ist, dass auch aus einer Originalentfernung von 17,5 m die Schatten der Kleider- und Segelsäume sich sehr wohl optisch abzeichneten!

Und hier steckt der Modellbauer nun in einer gewissen Zwickmühle: Einerseits sind Kleidersäume an Modellen unter 1:25 ganz einfach nicht darstellbar, andererseits sieht zumal ein größeres Segel ohne deren Andeutung leer und schlicht jämmerlich aus.
Zu Letzterem brauche ich wohl kein weiteres Wort zu verlieren.
Zu Ersterem habe ich schon vor langer Zeit eine Reihe von Experimenten gemacht: Natürlich ist es Unsinn, Kleidersäume wie im Original herzustellen, das ist nicht nur extrem aufwändig, sondern wird so gut wie nie sauber und exakt. Wenn man das Segeltuch freilich entlang des Kleidersaums einfach in einem S-Schlag legt und so zusammenklebt, dann hat man den gleichen optischen Effekt.
Bei Segeln größerer Schiffe im Maßstab 1:25 habe ich so durchaus brauchbare Ergebnisse erziehlt. Die Sache hat freilich einen Haken, denn in diesem Maßstab müssen Segel auch „genäht“ werden, ein Problem, auf das ich gleich im Zusammenhang mit den Säumen kommen werde.
Bei Segeln kleinerer Schiffe oder kleinerer Maßstäbe als 1:25 ist diese Methode freilich nicht verwendbar, da der ohnehin schon eher zu dicke Segelstoff (auch der feinste Baumwollbatist) dadurch noch dicker und absolut unnatürlich aussieht (s. auch Bd. 2 MATERIAL UND WERKZEUG Kap. Materialmaßstab).

So ist der Modellbauer eben doch wieder auf die im Modellbau traditionellen „Nähte“ zurückverwiesen.

Wenn es denn schon so sein muss, dann meint Werner Zimmermann, dass man diese Nähte allenfalls mit dünnen Bleistiftstrichen andeuten sollte. Dies ist zweifellos, bei kleinen Schiffen oder Modellen im Maßstab 1:75 und weniger, eine optimale Methode.
Genau aber bei dem von mir so leidenschaftlich propagierten Idealmaßstab von 1:50 (1:48) ist dies bei größeren oder gar großen Modellen ebenfalls nicht mehr dem Betrachter „vermittelbar“ – da müssen es denn schon „echte“ Nähte sein, wie sie ja auch auf nahezu allen einschlägigen und wahrhaft optimalen Museumsmodellen zu sehen sind.

Kompromiss

Zum einen sollten solche Nähte so fein als möglich sein (auch wenn entsprechend maßstäblich verkleinert die Stichstärken immer noch erheblich zu grob sind): Also die Nähmaschine auf kleinstmögliche Stichgröße einstellen und vor allem mit lockerster Fadenspannung (sonst zieht sich das Tuch höchst unerwünscht zusammen). Zum anderen sollte der verwendete Faden natürlich möglichst fein, vor allem in seiner Farbe nur minimal (!) dunkler sein als das Segeltuch – da wird bei vielen Modellen mit dunkelbraunem, gar schwarzem Faden auf „weißen“ Segeln übelst „gesündigt“!!

Zuschneiden

Mit einer wirklich scharfen Schere werden die Segel nun ausgeschnitten – Säume nicht vergessen! Ebenso die Dopplungen, Verstärkungen und eventuell Reparaturflicken. Bei gestärkten bzw. lackierten Stoffen, von Papier ganz zu schweigen, ist dies überhaupt kein Problem. Doch selbst bei unbehandelten Segeln, die später „in der Flaute" herunterhängen sollen, sollte man die Schnittkanten mit etwas PONAL einstreichen, damit sie nicht ausfransen.

Säume

Die Säume der Segel herzustellen ist eigentlich kein Problem: Nach dem Durchnähen der Kleider wird das aufgezeichnete Segel *plus Saumbreite* (!) aus dem Stoff geschnitten – dank des Stärkens/Lackierens des Segels geht dies problemlos, ohne dass der Stoff ausfasert. Die Säume werden nun umgeklappt – erst die seitlichen, dann die oben und unten – und entsprechend angeklebt. Man sollte den Stoff nur einfach umklappen und nicht, wie im Original doppelt, da sonst die Säume allzu dick würden.
Das *Kleben* ist, wie gesagt, kein Problem. Zum Problem kann freilich das *Nähen* werden, denn durch die verschieden hohen Stoffstärken tendiert der Nähmaschinenfuß dazu „abzugleiten", was äußerst hässliche „seitliche Ausrutscher" der Naht zur Folge hat (Ähnliches gilt für eventuelle Kleidernähte, s. oben).
Aus diesem Grund habe ich vor vielen Jahren folgenden Trick entwickelt: Ich nähe meine Säume „doppelt", d. h. ich mache auf dem noch nicht geschnittenen Segelstoff innen, dort wo die Saumnaht später liegen soll, eine Naht – und eine zweite Naht im gleichen Abstand außerhalb. Wenn nun das Segel knapp außerhalb der äußeren Naht geschnitten, entsprechend eingeklappt und verklebt wird, so liegen die beiden Nähte genau übereinander und sehen aus wie eine einzige, identische Naht – ohne dass dabei meine Nähmaschine irgendwelche Schwierigkeiten machen würde.

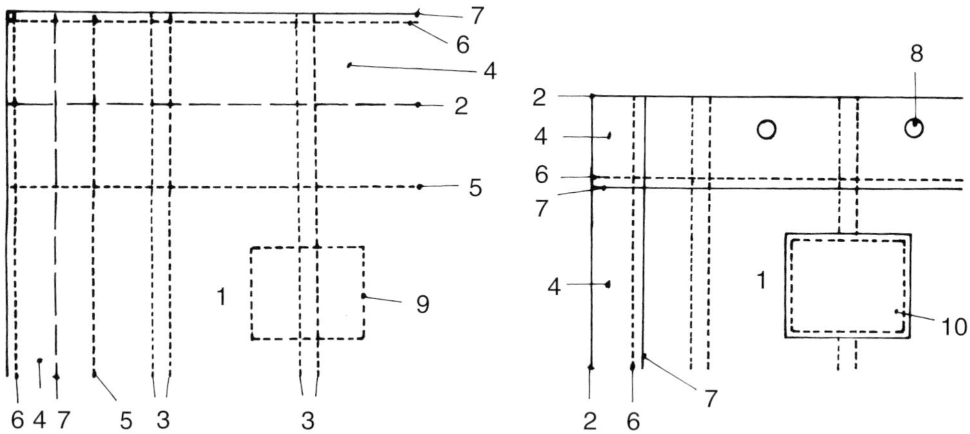

Modellsäume: 1. Segel, 2. Segelkante, 3. Kleidernähte (bei großen Maßstäben doppelt), 4. Saum, 5. Saumnaht innen, 6. Saumnaht außen (sie müssen sich exakt im gleichen Abstand zu 2 befinden!), 7. Saumkante (knapp geschnitten). Wenn man den Saum um die Linie 2. umklappt und aufklebt sehen 5. und 6. aus wie eine einzige durchgehende Naht. 8. Beschaggatchen kann man im Modell nicht ausnähen, daher vorstechen und mit der gedrehten Spitze eines Farbstiftes anfärben. 9. Naht auf dem Segel eines Reparaturflicken, 10. entsprechend genähter und aufgeklebter Reparaturflicken; nach der gleichen Methode werden Dopplungen und Verstärkungen angebracht.

Verstärkungen und Flicken

In gleichem Sinne „nähe" ich auch Verstärkungen, Reffbänder und Reparaturflicken auf meine Segel, d. h. die Nähte sind einerseits auf dem Segel bereits vorhanden ehe ich andererseits die entsprechend genähten Teile aufklebe. Aus den eben schon genannten Gründen allzu großer Dicke sollte man auch diese Teile ohne Säume (die sie im Original natürlich hatten) anfertigen und aufkleben. Sinnvollerweise sollte man Außenkanten von Verstärkungen erst nach dem Aufkleben entlang der Segelkante abschneiden.

Segel verputzen

Natürlich kann man die verschiedenen Stoffteile nicht „punktgenau" nähen, d. h. da hängen oben und unten immer noch mehr oder minder lange Fäden herum. Bei den Kanten des Segels löst sich das Problem von selber, da diese Fäden beim Zuschneiden des Segels samt dem überflüssigen Stoff abgeschnitten werden. Anders sieht dies etwa bei Verstärkungen und Reparaturflicken aus, wo immer noch oft entsprechende lose Fäden herumhängen – und da sollte man sie, solange man an dem Segel arbeitet, ruhig auch hängen lassen. Erst ganz zum Schluss werden diese Fäden mit einer scharfen Schere abgeschnitten und mit einem Tröpfchen PONAL angeklebt und gesichert.

Gekaufte Segel

Extremes Misstrauen sollte man industriell gefertigten Segeln (Baukästen) entgegenbringen! Die Säume sind stets nur „eingekettelt", zudem fehlen grundsätzlich Dopplungen usw., und oft liegen sogar die Kleider falsch. Wie ich schon mehrfach sagte, kann man aus guten Baukästen mit etwas Nachbesserungen tatsächlich erstklassige Modelle bauen, aber von den dort angebotenen Segeln kann ich nur empfehlen: Finger weg!

Ein gewissenhafter Modellbauer sollte um solch industriell gefertigte Segel besser einen ganz großen Bogen schlagen!

Satz Segel einer Fregatte um 1800.
(Segel französisch-kontinentaler Typ)

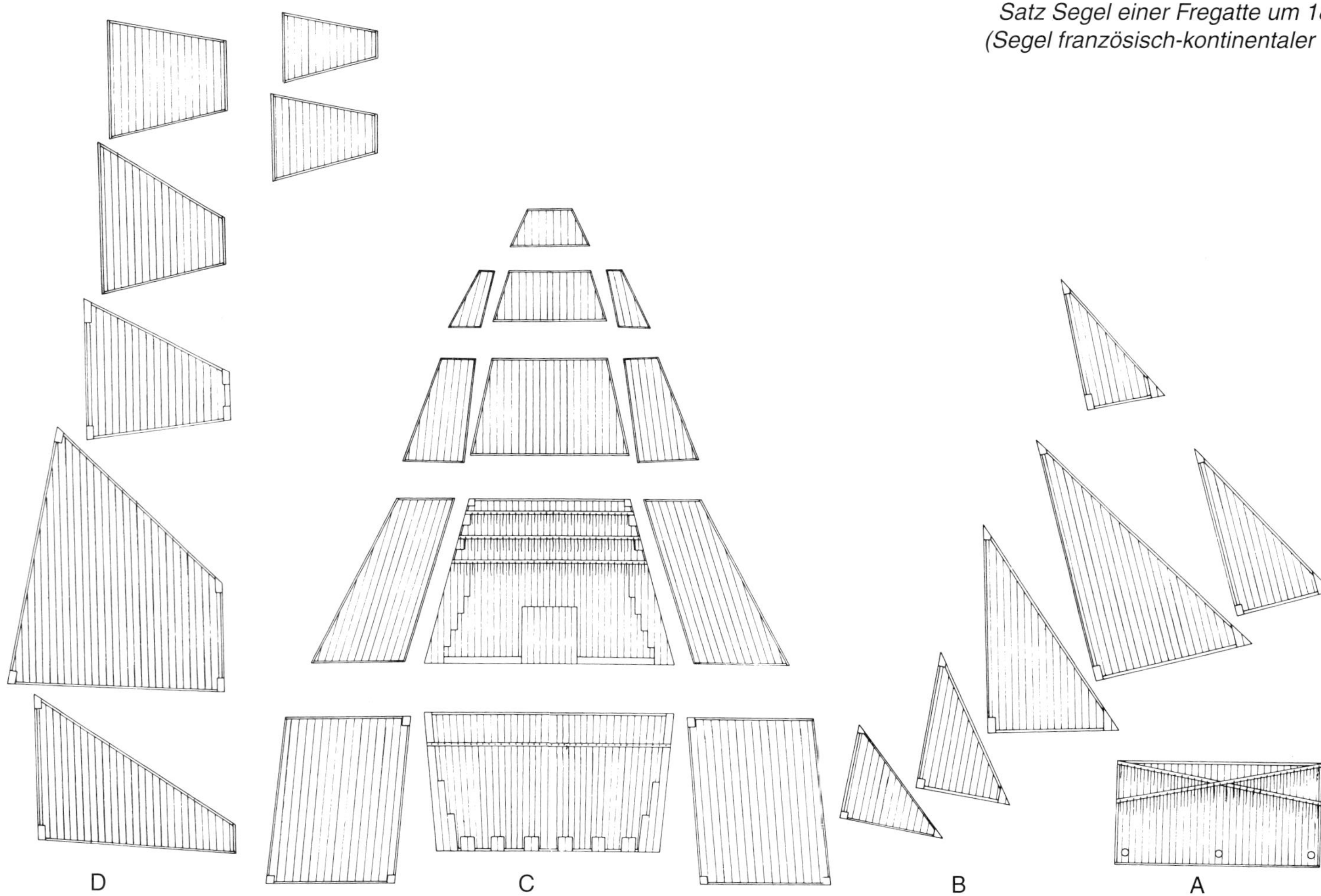

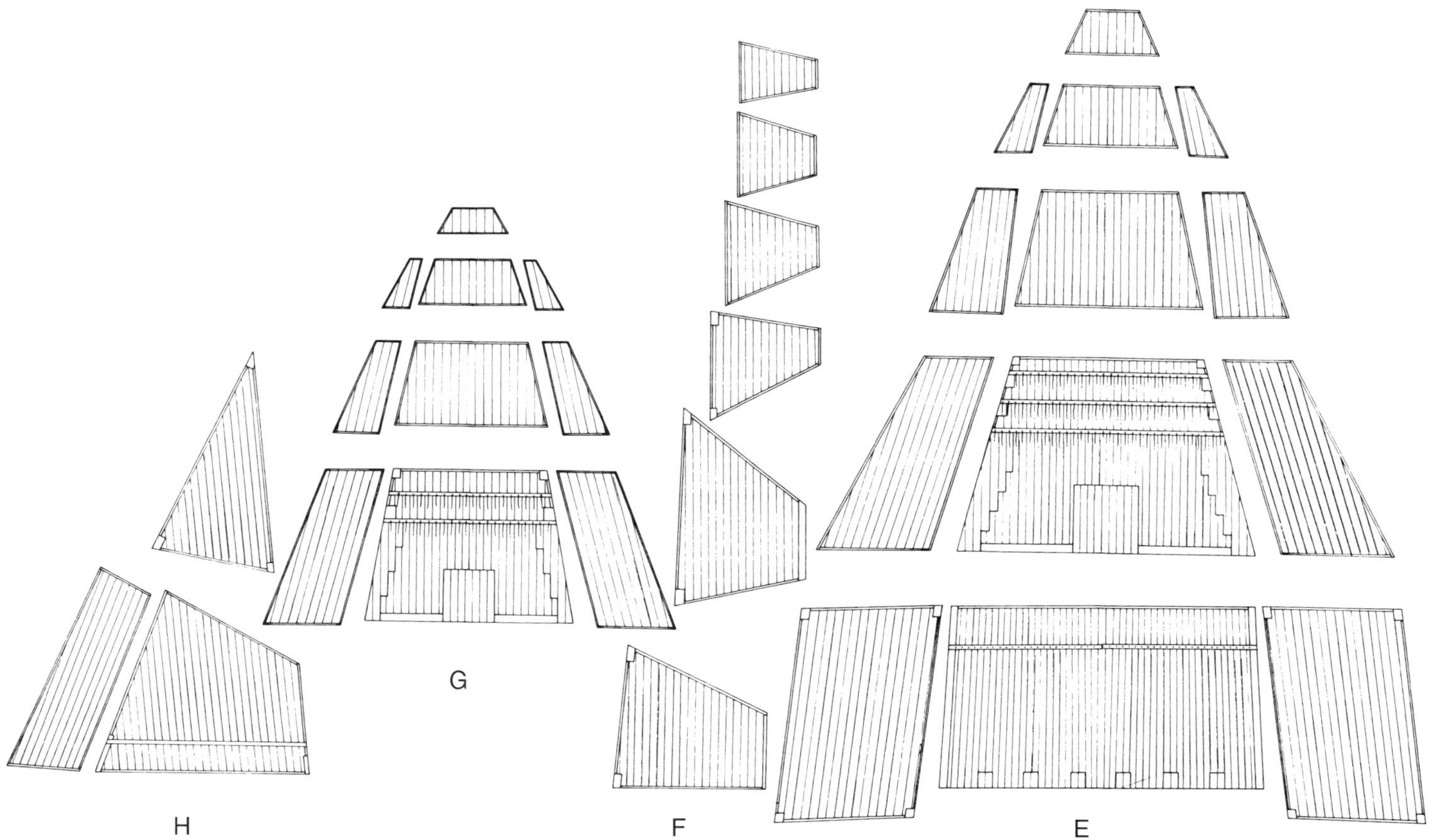

A. Blinde, B. Stagsegel zwischen Fockmast und Bugspriet, C. Segel am Fockmast (mit Leesegeln), D. Stagsegel zwischen Groß- und Fockmast, E. Segel am Großmast (mit Leesegeln), F. Segel zwischen Besan- und Großmast, G. Besanmastsegel (mit Leesegeln), H. Gaffelsegel (mit Gaffeltop und Leesegel).

Prunksegel bemalen

Bemalte Segel, wie sie vor allem im 15. bis frühen 17. Jahrhundert (im Mittelmeer auch später noch) höchst beliebt waren, sind auf jedem Modell eine Augenweide für jeden Modellbauer und Museumsbesucher. Natürlich sollte man sich darüber klar sein, dass diese, zumindest in aller Regel, ausgesprochene Prunksegel waren, die nur zu besonderen Anlässen gesetzt wurden. Doch was spricht dagegen, ein Modell in seinen „besten Stunden“ zu zeigen?

Erkennungszeichen

Als Flaggen im Hoch- und Spätmittelalter mangels brauchbarer Ferngläser noch nicht exakt auszumachen waren, setzte sich von Byzanz bis Katalonien, von Sizilien bis an die Nord- und Ostsee, durch, die Segel mit gut sichtbaren Symbolen oder Wappen auszustatten, auf dass jeder auch wisse, wen er da vor sich habe. Derlei Erkennungszeichen, etwa national verschieden geformte Kreuze, waren teilweise auf den Segeln selbst biederer Handelsschiffe bis in die Mitte des 16. Jahrhunderts obligatorisch und blieben es im Mittelmeer teilweise bis ins 19. Jahrhundert. Bevorzugt war dabei das relativ billige Bleimennige-Rot.

Prunksegel

Alle anderen Varianten waren zweifellos reine Prunksegel. Auch in „Originalquellen“ waren sie mitunter nur schlicht der Phantasie eines Miniaturenmalers entsprungen – doch gar nicht so selten eben doch dem realen Geltungsbedürfnis eines (Lokal-)Herrschers. Und wenn ein staatlicher Chronist absolut glaubwürdig 1535 vermeldete, es sei der als Flaggschiff des Kaisers Karl V. er-

Erstes Siegel von Southampton, frühes 13. Jahrhundert. Als es noch keine Ferngläser gab, waren Erkennungszeichen auf den Segeln äußerst beliebt.(Zeichnung von Werner Zimmermann, Augsburg)

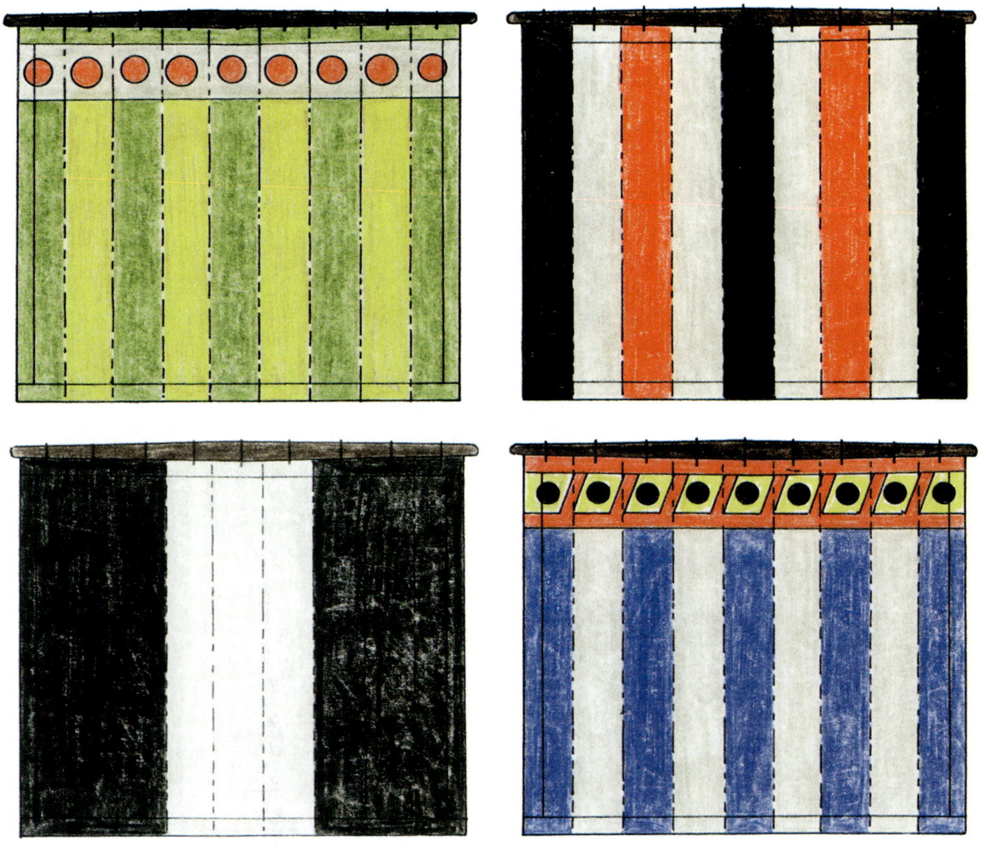

Bunt gestreifte Segel auf dem „Teppich von Bayeux“ Mitte des 11. Jahrhunderts.

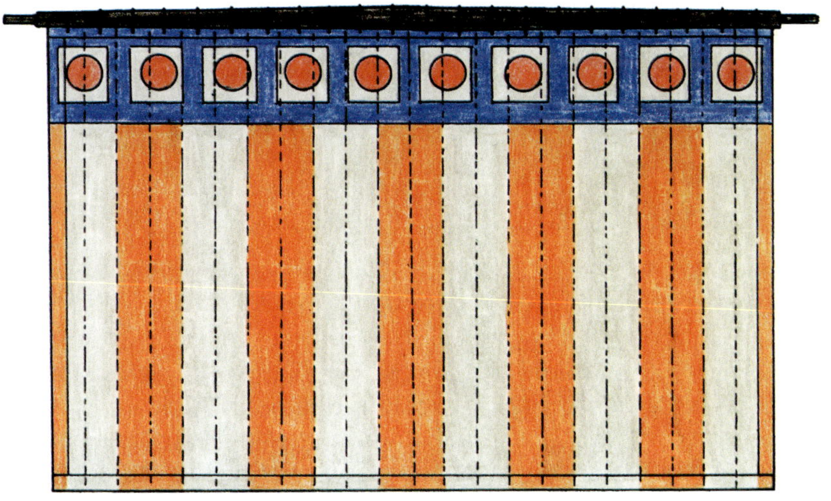

Wikinger-Flaggschiff MORA 1066 auf dem „Teppich von Bayeux“.

Englisches Wappensegel um 1426.

Englisches Wappensegel um 1485.

Realität oder nur schöner Traum eines Buchillustrators? Auf jeden Fall historisch bildlich nachgewiesen und damit auch für einen Modellbauer relevant.

bauten Galeone SANTA MARÌA DEL PILAR bei der triumphalen Rückkehr vom Feldzug gegen die moslemischen Barbaresken-Piraten in Tunis gestattet worden, die Segel „geschmückt mit allen Titeln und Wappen der Königreiche, Herzogtümer, Markgrafschaften und Grafschaften Seiner Majestät“ zu setzen (obwohl Seine Majestät den Feldzug auf der noch größeren und prachtvolleren SANTA ANNA der Malteserritter verbracht hatte), dann müssen nach den heraldischen

Byzanz („Ost-Rom“) bis 1453.

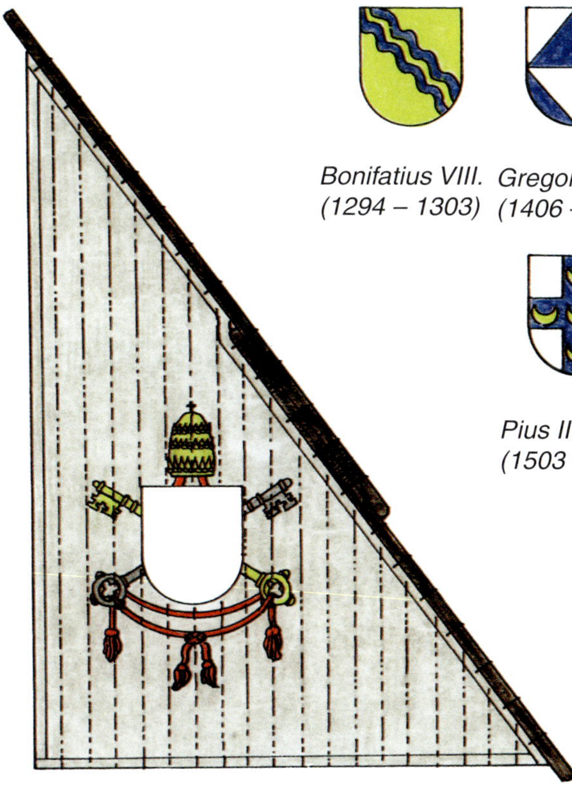

Bonifatius VIII.
(1294 – 1303)

Gregorius XII.
(1406 – 1415)

Martinus V.
(1417 – 1431)

Alexander VI.
(1492 – 1503)

Pius III.
(1503 – 1503)

Julius II.
(1503 – 1513)

Pius V.
(1566 – 1572)

Leo XI.
(1605 – 1605)

Clemens IX.
(1667 – 1669)

Patrimonium Petri (Kirchenstaat) vom 13. bis Ende des 18. Jahrhunderts. Daneben einige historisch relevante Papst-Wappen.

Tempelritter („Templer") bis 14. Jahrhundert.

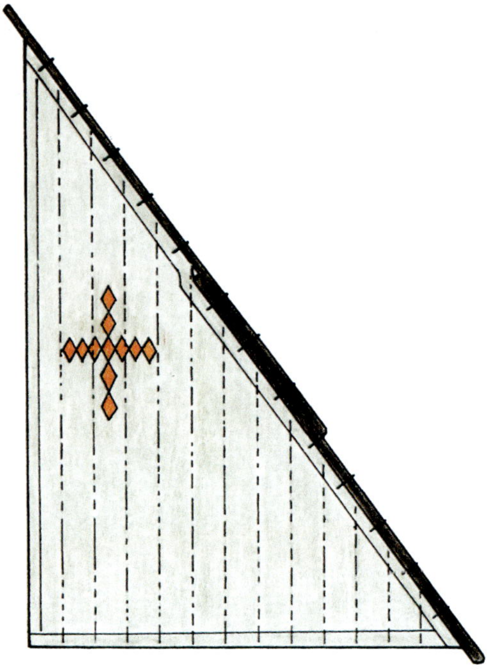

Pisa 14./15. Jahrhundert.

Venedig bis Anfang 19. Jahrhundert.

Johanniter-/Malteser-Ritter bis 19. Jahrhundert.

Portugal 15./16. Jahrhundert.
Kompletter Segelsatz (Groß-, Mars-, Bramsegel) des 16. Jahrhunderts. Die Entdeckerkaravellen von Dom Henrique o Navigador (Prinz Heinrich der Seefahrer) im 15. Jahrhundert führten das portugiesische „Christuskreuz“ ebenfalls bereits auf ihren Lateinersegeln.

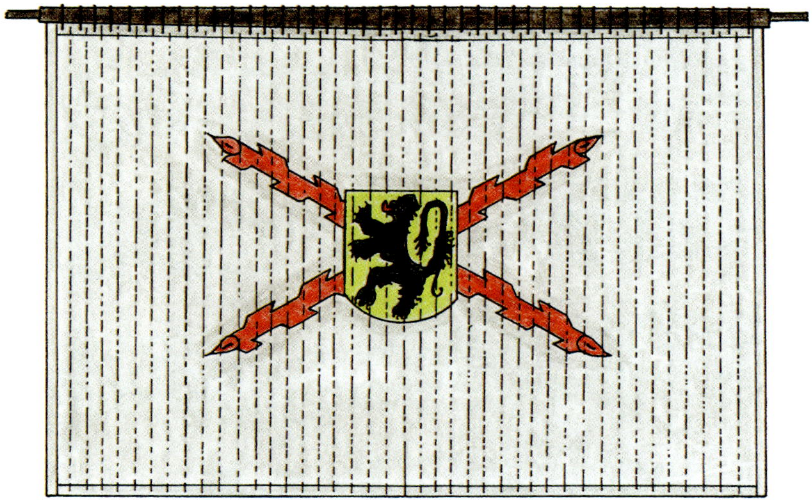

Burgundisch Flandern bis Mitte des 15. Jahrhunderts.

Spanien (Groß- und Marssegel) seit dem späten 15. und im ganzen 16. Jahrhundert.

Lübeck (Hauptstadt des Hansebundes) 14. bis Mitte 16. Jahrhundert.

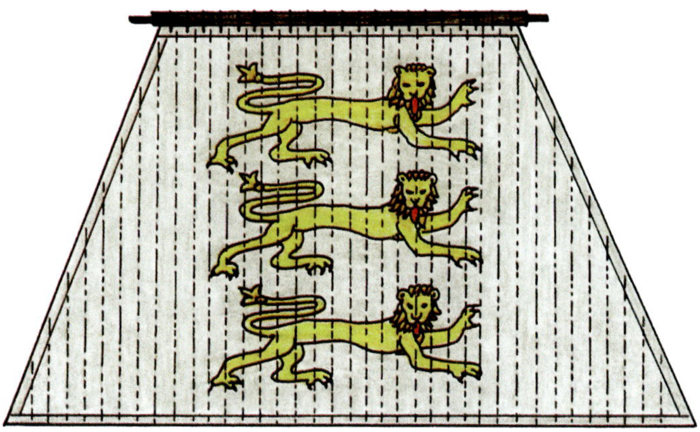

England (Wappen-Marssegel) 16. Jahrhundert.

Niederlande (Marssegel) spätes 16. bis frühes 17. Jahrhundert. Frau „Fortuna“ erschien auch auf englischen und anderen Segeln der Nordsee, ehe derlei Prunksegel endgültig verschwanden.

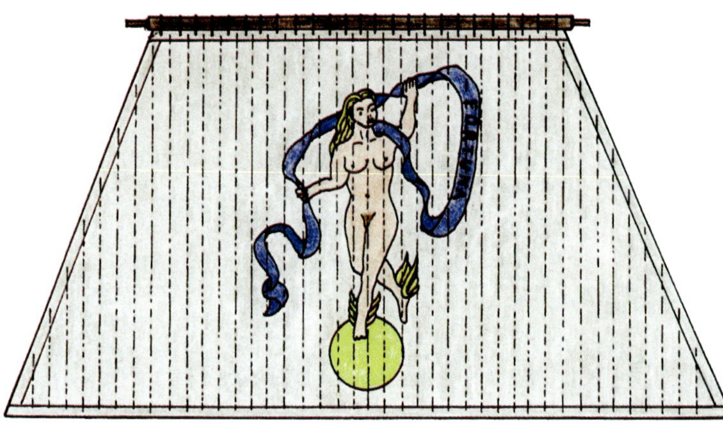

Spielregeln jener Epoche die Segel der SANTA MARÌA DEL PILAR tatsächlich so ausgesehen haben, wie der Autor sie auf dem Modell für das Deutsche Technikmuseum in Berlin bemalt hat.
Allgemein verschwanden bemalte Segel im frühen 17. Jahrhundert. Mit überquellendem Schnitzwerk am Rumpf hatte man eine andere Form staatlicher und halbstaatlicher Protzerei entdeckt. Eine kurze Renaissance erlebten bemalte Segel in der ersten Hälfte des 19. Jahrhunderts, als etliche Transatlantik-Linien die Focksegel ihrer Schiffe mit den Emblemen ihrer Reedereien schmücken ließen.
Nur im Mittelmeer hielt sich diese Tradition zäh und ist selbst heute noch nicht vollständig verschwunden, denn immer noch gibt es in der Nordadria zumal im Bereich von Venedig gar nicht so wenige Schiffe, zumeist kleinere Küstenfahrer und Fischereifahrzeuge, die stolz sind auf ihre bunt bemalten Segel (s. Bd. 1 MODELLE UND VORKENNTNISSE S. 90).

Segel bemalen historisch

Dass Prunksegel „bestickt“ worden seien, wie gelegentlich zu lesen, gehört eindeutig ins Reich der Fabel. Dies wäre wahrlich viel zu aufwändig und zu teuer gewesen. Allenfalls wurden gelegentlich die einzelnen Farbfelder durch einen dunklen, genähten Faden voneinander noch deutlicher abgegrenzt.
Real wurden Segel in der Tat „gemalt“, wobei man die üblichen Textilfarben (mit „Färberweit“ gab es da durchaus auch Blau) verwendete, teilweise auch Kaseinfarben. Vereinzelt wurden auch entsprechend eingefärbte Stoffstücke aufgenäht.

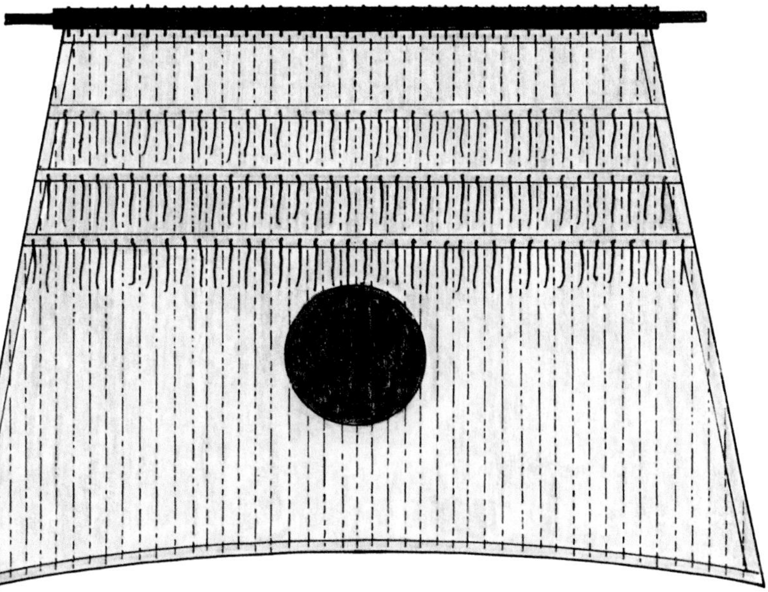

In der ersten Hälfte des 19. Jahrhunderts versuchten Paketschifflinien die Idee von Wappensegeln mit den Reedereizeichen nochmals zu beleben. Hier das Marssegel der „Black-Ball“-Linie.

Auf den Prunksegeln der SANTA MARÍA DEL PILAR, *dem Flaggschiff Kaiser Karls V. 1535 waren die Wappen all der Titel Seiner Majestät aufgemalt. Blinde: Persönliches Wappen. Focksegel: König von Deutschland. Fockmars: Erzherzog von Österreich. Großsegel: Reichswappen. Großmars: König von Spanien. Großbram: Spanisches Hauptwappen. Besansegel: Landesherr der Niederlande. Bonaventursegel: Herzog von Burgund.*
(Modell von Wolfram zu Mondfeld, Reichling, im Deutschen Technikmuseum, Berlin)

Echt Tradition hatte dies auf päpstlichen Schiffen. Päpste pflegten oft viel zu kurz zu regieren, als dass man jeweils neue Segel hätte anschaffen wollen. So behalf man sich damit, nur das Grundwappen aufzumalen, das jeweilige persönliche Wappen jedoch gesondert aufzunähen – man konnte es somit schnell wieder abtrennen und durch ein neues Wappen ersetzen.

Segel bemalen am Modell

Hierfür muss das ansonsten fertige Segel zunächst entsprechend vorbereitet, d. h. mit Stärke oder weit besser noch Spannlack behandelt sein, da sonst die Farben gnadenlos auslaufen oder durchschlagen, d. h. auch auf der Rückseite zu sehen sind, wo sie keinesfalls sichtbar sein dürfen.
Als Nächstes zeichnet man das entsprechende Wappen oder Zeichen mit schwarzer Tusche auf einem weißen Blatt Papier auf.
Legt man dieses Blatt nun unter das Segel (mit Kreppklebeband fixieren!), so schimmert die Vorzeichnung zwar nur noch schwach hindurch, jedoch immer noch so, dass man sie nun mit einem eher harten Bleistift auf das Segel übertragen kann.
Mit einer sehr „trockenen“ Wasser- oder Kaseinfarbe (s. Bd. 2 MATERIAL UND WERKZEUG Kap. Pinsel und Farben) werden die Farbflächen nun ausgemalt.
Wichtig: Diese Farbe darf keinesfalls auf die Rückseite durchschlagen!
Mit einem mittelharten Bleistift sollte man die Farbkonturen nochmals nachziehen. Dies bringt nicht nur die Zeichnung noch besser heraus, sondern entspricht ja durchaus auch jenen, vielfach genau zum gleichen Zweck historisch gemachten, (Zier-)Nähten.
Tipp: Wie so oft gesagt: Probieren Sie das Ganze erst einmal an einem Probestück aus, ehe Sie sich an ein „echtes“ Segel heranmachen.

Das Wappen von Portugal auf dem Großsegel, dargestellt auf einer spanisch-maurischen Schale aus dem 15. Jahrhundert, die sich heute im Victoria-and-Albert-Museum in London befindet.

Liektaue

Sämtliche Segel waren mit dem so genannten Liektau eingefasst. Dieses wurde mit drei dünnen Schnüren, die ähnlich wie beim Wurmen in den Rillen der Kardeele liefen, an das Segel angenäht.
Liektaue waren grundsätzlich naturbelassen bzw. nur ganz leicht geteert, waren also „hell". Lediglich wenn Teile gekleidet waren, erscheinen diese wie alle Kleidungen und Zurrings dunkel.

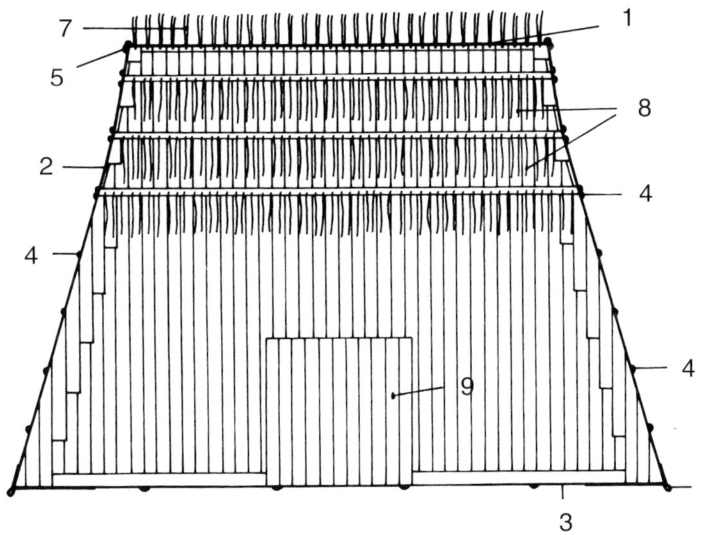

Taue am Segel: 1. Kopfliektau, 2. Seitenliektau, 3. Fußliektau (in der Regel mit 2. identisch), 4. Legel, 5. Nocklegel, 6. Schothorn, 7. Beschlag- bzw. Kopfzeisinge, 8. Reffbänsel bzw. Reffzeisinge, 9. Stoßlappen.

Liektaustärken

An den Untersegeln (Fock-, Groß- und Besansegel) hatte das Liektau eine Stärke von 75 bis 80 % der jeweils zugehörigen Wanten. Bei den Obersegeln (Mars-, Bram- und Royalsegel, ebenso alle Stagsegel) war das Liektau ebenso stark wie die zugehörigen Wanten (zu den Taustärken s. Bd. 9 STEHENDES GUT Kap. Taustärken). Mitunter waren die Kopfliektaue etwas schwächer, etwa von 70 bis 50 % der Seiten- bzw. Fußliektaue.
Im 19. Jahrhundert wurden die Liektaue allgemein schwächer: Fuß- und Seitenliektau 50 bis 60 % der zugehörigen Wanten, Kopfliektau 50 % von Fuß- und Seitenliektau. Die Liektaue der Stagsegel waren durchgehend 60 % der Fuß- und Seitenliektaue des zugehörigen Rahsegels.
Im 18. und 19. Jahrhundert war es oft auch üblich, die Schothörner, mitunter das ganze Fußliek mit einem 75 bis 60 % starken, in der Regel gekleideten Tau zu verstärken bzw. zu doppeln. Die Liektaue von Lateinersegeln entsprachen

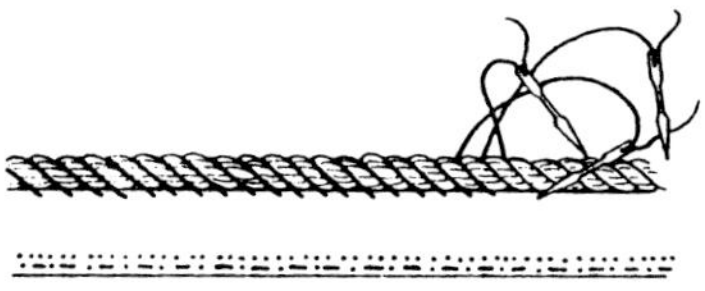

Annähen des Liektaus im Original. Dies wie auch die nächsten Originalmethoden sind im Modellbau allenfalls bei sehr großmaßstäblichen Modellen real nachvollziehbar.

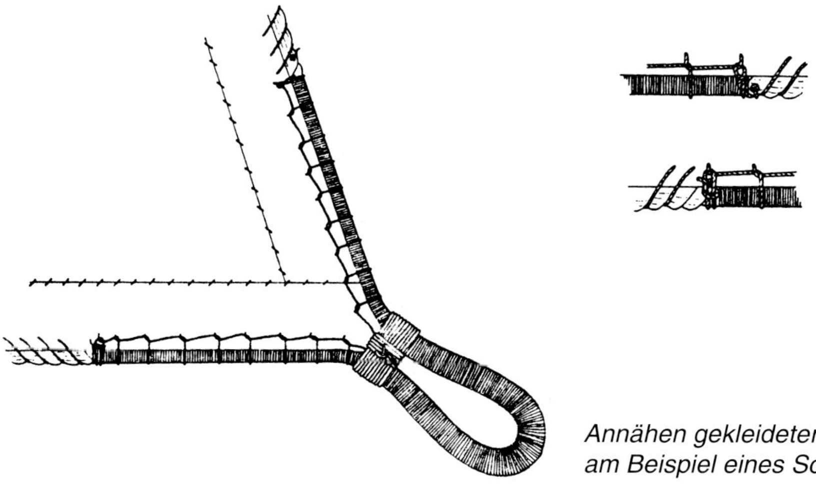

Annähen gekleideter Liektauteile am Beispiel eines Schothorns.

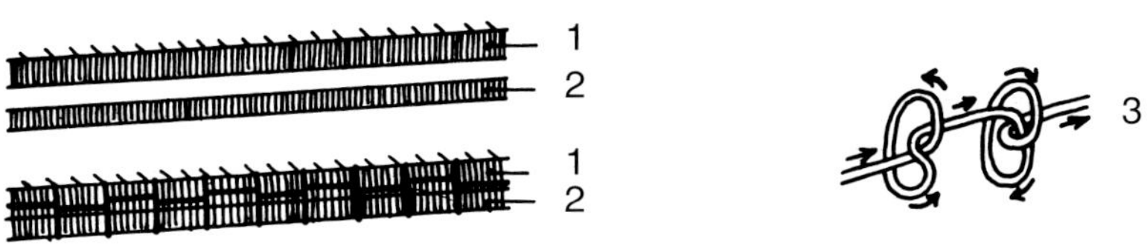

Anzurren einer Liekdopplung. 1. Liektau, 2. Verstärkungstau, 3. Zurring.

stets der Stärke der Wanten. Jene von Gaffel-, Lugger- und Sprietsegeln folgten den Regeln entsprechender Rahsegel.

Führung der Liektaue

Original begann man das Liektau oben an einer Breitseite anzunähen, wobei man zunächst ein Tauende von ca. drei Ellen überstehen ließ. Am unteren Ende der Breitseite angekommen, formte man eine Schlinge (das Schothorn), arbeitete sich dann am Fuß des Segels entlang bis zur anderen Ecke, formte dort das zweite Schothorn, und schließlich wieder an der zweiten Breitseite nach oben, wo man ebenfalls einen entsprechenden Überstand stehen ließ.
Sodann wurde das Kopfliektau angenäht, wobei man auf beiden Seiten ebenfalls ziemlich lange Enden überstehen ließ.
Bis Anfang des 17. Jahrhunderts war es vielfach üblich, aus den oberen Enden der Seitenliektaue ein Auge als Nocklegel zu spleißen. Mit einem Stopperknoten saß hier auch das Kopfliektau fest.

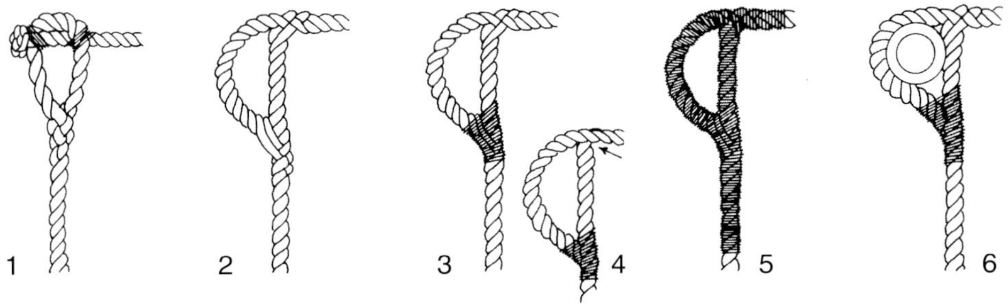

Nockhorn: 1. Vielfach vor ca. 1630, 2. gespleißt, 3. gezurrt, 4. da Spleißen im Modell kaum möglich, stumpf gestoßen, 5. gekleidet (alle zwischen ca. 1600 und 1840), 6. mit Kausch nach ca. 1830.

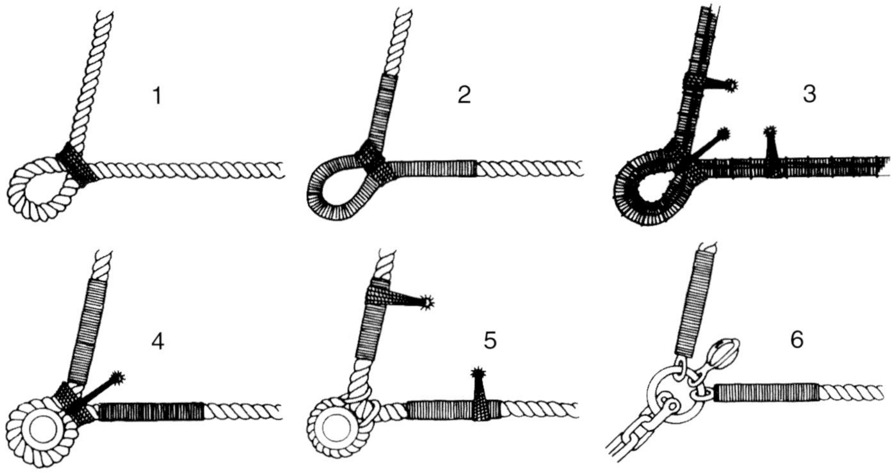

Schothörner: 1. einfaches Schothorn aus dem Liektau bis 1720 üblich, 2. gekleidetes Schothorn ab 1720, 3. doppeltes, gekleidetes Schothorn ab 1740, 4. Schothorn mit Kausch ab 1810, 5. abgehängtes Schothorn mit Kausch ab 1825, 6. Schothorn mit Stahlring ab 1845.

Wenig später wurden die Enden der Seitenliektaue mit dem Kopfliektau verspleißt – Zurrings, wie bei Spleißen sonst häufig, gab es nicht.
Aus den Überständen des Kopflieks wurden die Nocklegel geformt, entweder gespleißt und gezurrt, oder auch nur angezurrt. Letztere Methode ist allerdings auch schon länger vor dem 17. Jahrhundert nachgewiesen. Sie war sogar mehrheitlich wohl üblich.
Ob Liektaue „vorne“ oder „hinten“ oder seitlich auf den Segelsaum gesetzt werden müssten, diese Auffassungen änderten sich ebenso zeitlich wie national so oft, dass man sie wahrlich nur eventuell aus Originalquellen ermitteln kann. Sie einzeln anzuführen würde über den Rahmen sogar dieser Enzyklopädie hinausgehen.

Liektaue am Modellsegel

Generell folgt die Anbringung des Liektaus natürlich dem historischen Vorbild. Allerdings kann sich der Modellbauer – außer jenem, der extrem großmaßstäbliche Modelle baut – jedoch das Leben doch erheblich leichter machen, da man beispielsweise an einem 1:50-Modell gewisse Feinheiten ganz einfach wirklich nicht mehr erkennen kann.

Nähen: „Liektaue im Modell original anzunähen," erklärte mein Freund Peter Holz – auch er langjähriger Autor des Neckar-Verlags – einmal höchst drastisch, „ist allenfalls Freizeitbeschäftigung für einen wahrhaft *lebenslangen* Sträfling, der ein halbes Dorf ausgerottet hat!" (Peter *liebt* bildhafte Sprüche, und hat mit ihnen zumeist auch noch Recht ...).

Kleben: Da Modellsegel gewöhnlich nicht Orkanböen ausgesetzt sind, bei denen diese „aus den Lieken fliegen" können, genügt es völlig, diese entsprechend „nur" anzukleben. Auch hier nochmals der Trick: Die Segelkanten und das Tau mit Leim (optimal Ponal) einstreichen, trocknen lassen und dann mit einer zweiten dünnen Leimschicht bestrichen zusammenfügen, was binnen Sekunden optimal „hält" – und entschieden realistischer aussieht als so manche zu grobe Naht!

Spleißen: Die oberen Liekenden des Seiten-/Fußlieks in das Kopfliek „einzuspleißen" ist modellbaurealistisch nahezu unmöglich (s. auch Kap. Knoten, Zurrings und Spleißen). Auch wenn von keiner Zurring verdeckt, reicht es hier gewiss, wenn man das Seitenliek ganz knapp unter dem Kopfliek abschneidet und mit diesem verklebt.
Ebenso unsinnig sind Spleiße an den Nockhörnern, da diese fast ebenso oft gezurrt wie zunächst gespleißt waren.

Dopplungen: Auch diese „anzunähen" ist in aller Regel modellbauerisch Unsinn. Fraglos sollten sie, wo historisch erfordert, vorhanden sein, aber auch bei ihnen ist *Kleben* einem *Nähen* nicht nur bequemlichkeitshalber vorzuziehen.

Kleiden: Sofern Teile des Liektaus gekleidet waren, sollte man dies unbedingt vor dem Ankleben machen (präzise ausmessen!), wenn man nicht riskieren will, dass beim Kleiden eines schon teilweise angeklebten Taus das Segel unreparierbar verknittert.

Zurrings: Natürlich müssen zumal die Schothörner entsprechend gezurrt werden. Zudem sicherten diese vielfach zusätzliche, mit dem Segel verbundene Zurrings vor einem Ausreißen, wie die Zeichnungen zeigen.

Legel

Für Bulins und Gordings wurden entsprechende „Legel" am Segel angebracht. Wo diese genau saßen, müssen Sie aus Ihrem Segel- bzw. Takelplan entnehmen.
Bis ins 18. Jahrhundert waren diese Legel gewöhnlich eingespleißt (modellbauerisch s. nochmals Kap. Knoten, Zurrings und Spleißen). Im 19. Jahrhundert wurden sie stets (oft jedoch auch schon früher) „abgehängt".

Eingespleißter und gezurrter Legel, wie bis Anfang des 19. Jahrhunderts weitgehend üblich.
Rechts gekleideter Legel, wie er seit Mitte des 18. Jahrhunderts verwendet wurde.

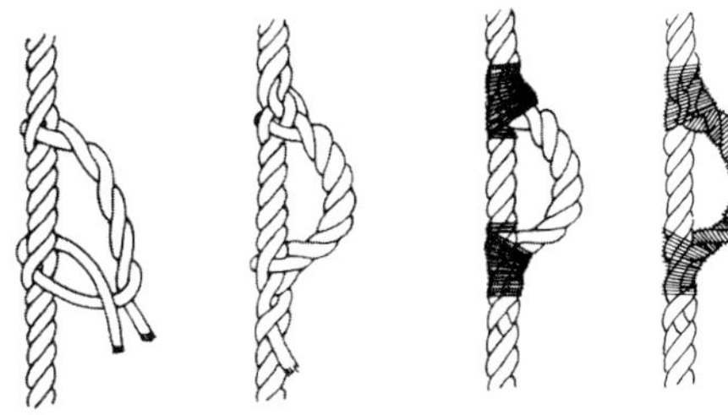

„Abgehängter" Legel, wie er bereits im 16. Jahrhundert teilweise verwendet wurde. Links abgehängter Legel mit Kausch seit dem späten 18. Jahrhundert.

Gattchen

Selbstverständlich waren auch die Gattchen für Beschlag- oder Reffzeisinge gegen Ausreißen mit entsprechenden, allerdings höchst dünnen Liektauen gesichert. Diese waren mit noch erheblich dünneren Garnen „angenäht". Wie das Original aussah s. Zeichnung.
Für einen Modellbauer ist dergleichen, selbst bei größermaßstäblichen Modellen, kaum nachvollziehbar. Die Annähgarne sind einfach so dünn, dass sie nicht mehr darstellbar sind, und auch die noch etwas dickeren Gattchen-Liektaue kaum darstellbar.
Selbst bei einem 1:50-Modell muss man derlei einfach weglassen. Wer es ganz besonders gut und historisch meint, der mag in seinen mit einer spitzen Ahle gestochenen Gattchen einen hellbraunen Farbstift drehen, um das Liektau anzudeuten (auch wenn man dies in der Regel am Modell nicht mehr wahrnehmen kann).

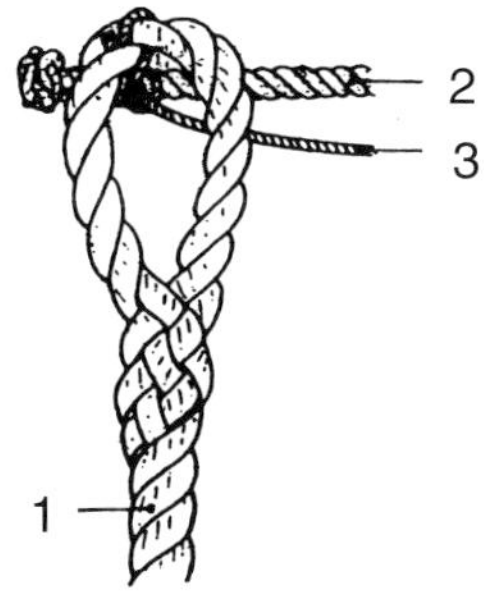

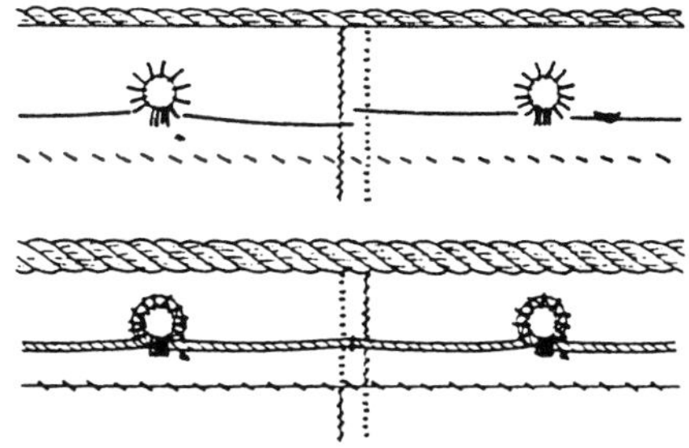

Originale Einfassung von Beschlaggattchen. Links: Nockhorn mit entsprechenden Tauen (1. Seitenliek mit Auge, 2. Kopfliek, 3. Leine zum Einfassen der Gattchen). Rechts: Diese Gattchen samt Tauen bis ins 17. Jahrhundert. Vor- und Rückseite.

Bonnets

Bei schwachem Wind war es ebenso sinnvoll, die vorhandene Segelfläche nach Möglichkeit noch zu vergrößern, jedoch bei starkem Wind, gar Sturm, so zu verkleinern, dass das Schiff zwar immer noch Fahrt machte und damit dem Ruder gehorchte, dass das Segel aber nicht dabei „aus den Lieken flog". Am schwersten taten sich naturgemäß die „Ein-Segel"-Schiffe des Mittelalters. Bonnets (Antuchungen) und Reffe (Verkürzungsmöglichkeiten) wurden damals erfunden.
Nach Einführung von Mars-, Bram-, Stag- oder sogar Leesegeln konnte man derlei zunächst zwar durch Setzen oder Wegnehmen einzelner Segel beeinflussen, doch selbst damit war es noch nicht so optimal, als dass man etwa auf Reffe verzichten konnte.

Bonnets

Bonnets gab es zur Vergrößerung bzw. Verkleinerung eines Hauptsegels (Fock-, Groß- und Besansegel) bis ins frühe 18. Jahrhundert, ehe diese Methode endgültig von Reffen verdrängt wurde.
Das Bonnet war ein Tuchstreifen – bis Ende des 16. Jahrhunderts auf großen Schiffen oft auch zwei –, der mit einer Reihe von Tauschlaufen am Stammsegel befestigt wurde. Die Bonnetschlaufen wurden durch Gattchen am Fuß des Stammsegels gezogen, nach dem Durchholen umgelegt und durch die nächste durchgezogene Schlaufe gehalten. So entstand eine Kettenverbindung, deren letzte Schlaufe am Schothorn des Stammsegels verzurrt wurde. Löste man diese Zurring, so lösten sich auch alle Schlaufen und das Bonnet konnte abgenommen werden. Die Schlaufenkette lag dabei stets auf der Vorderseite des Segels. Um den Matrosen beim Anschlagen eines Bonnets das Auffinden der richtigen Gattchen zu den richtigen Schlaufen zu erleichtern, war es auf Schiffen katholischer Nationen (Spanien, Portugal, Italien, teilweise Frankreich) weit verbreitet, den Anfang des „Ave Maria" auf Stammsegelfuß und Bonnetkopf zu schrei-

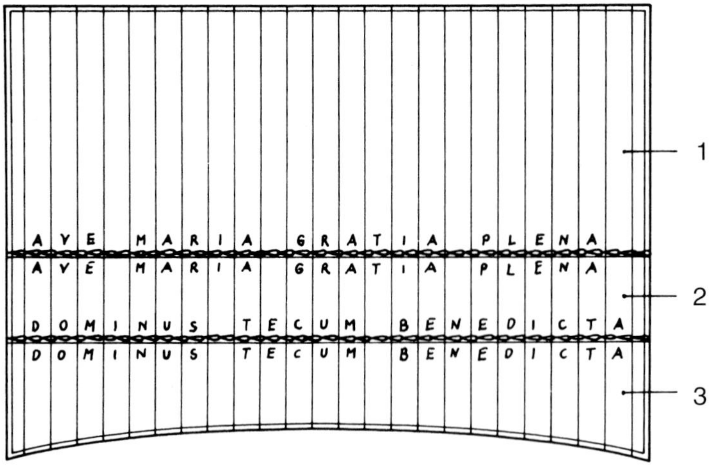

Segel mit zwei Bonnets: 1. Stammsegel, 2. Stammbonnet, 3. zweites Bonnet. Das „Ave Maria" fand sich nur auf „katholischen" Schiffen etwa Frankreichs, Spaniens, Portugals und Italiens.

Não mit sehr großem Bonnet aus der „Geographie des Ptolemäus", Straßburg 1513. (Vermutlich gezeichnet von Martin Waldseemüller, dem irrtümlich America seinen falschen Namen verdankt.)

Não mit doppeltem Bonnet aus „Ritter Grünembergs Pilgerfahrt ins Heilige Land" von 1486. Doppelte Bonnets wurden teilweise bis ins späte 16. Jahrhundert gefahren, dann jedoch als zu kompliziert zu handhaben aufgegeben. Einfache Bonnets gab es teilweise bis in frühe 18. Jahrhundert.

Beispiele der zwischen dem 14. und späten 17. Jahrhundert höchst beliebten Bonnets.

ben, damit sich die Männer an den gleichen Buchstaben/Zeichen (die Mehrzahl von ihnen konnte ja nicht lesen) oben und unten orientieren konnten.

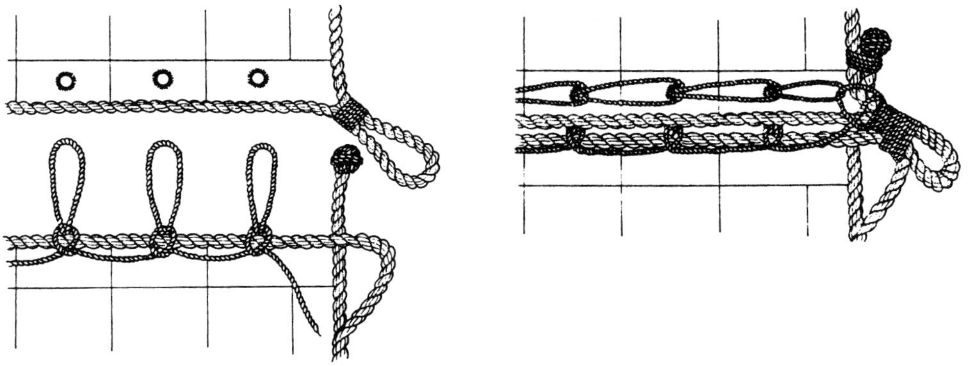

Anschlagen eines Bonnets: Links offen, rechts entsprechend gezurrt.

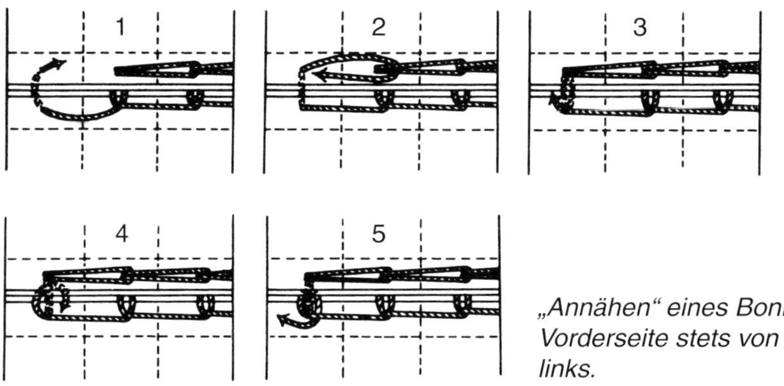

„Annähen“ eines Bonnets im Modell – Vorderseite stets von rechts nach links.

Bonnets am Modell

Für den Modellbauer ist es ratsam, ein Bonnet exakt unter das entsprechende Stammsegel (natürlich mit notwendigem Abstand, der für Säume benötigt wird, samt etwas „Luftraum“ zum Schneiden) auf das Segeltuch zu zeichnen und die Kleider und Seitensaumnähte gemeinsam durchzunähen. Das vermeidet weitgehend optische hässliche Verschiebungen der Nähte.

Anschließend abgeschnitten wird das Bonnet genau so wie das Stammsegel gesäumt und mit einem Liektau, das ebenso stark ist wie das des Stammsegels, versehen. Im nächsten Schritt wird das Kopfliek des Bonnets an das Fußliek des Stammsegels geklebt.

Schließlich wird das Bonnet mit einem dünnen Tau (etwa 30 % des Liektaues) angeschlagen. Natürlich ist es im Modell völlig unsinnig die einzelnen Schlaufen, wie im Original, gesondert nachvollziehen zu wollen, sondern man „näht“ es an, wie die Zeichnung zeigt.

Achtung: Durch das mehrfache Hin und Her, Auf und Ab des Taues (Garns) sollte dieses zunächst die rund fünffache Länge der entsprechenden Segelbreite haben! Dies ist, zumal bei Beginn der Arbeit, zwar ausgesprochen lästig, jedoch eben notwendig, da man dieses Garn ja nicht anstückeln kann und es also bis zum anderen Ende ausreichen muss.

Reffe

Die Reffe waren kurze, leichte Tauenden, die durch das Segel geschoren wurden und vor und hinter dem Segel frei herab hingen, wobei sie mit zwei Knoten gegen das Durchrutschen gesichert waren. Um ein Ausreißen des Stoffes zu verhindern, wurden an diesen Stellen Querbänder auf das Segel genäht. Diese Reffbänder konnten sowohl auf der Vorder- wie der Rückseite des Segels angebracht sein, manchmal wurden sie auch beidseitig aufgenäht. Mit den Reffen konnten Teile der Segel auf- oder zusammengebunden und die Fläche je nach Windstärke verkleinert werden.
Da Reffe als Teile des Laufenden Gutes betrachtet wurden, waren sie stets von *heller* Taufarbe.

Reffe auf mittelalterlichen Schiffen:
Ältestes Siegel von La Rochelle um 1200.

Siegel von Hastings, 13. Jahrhundert.

Drittes Siegel von Rye, 14. Jahrhundert.
Auf den Stadtsiegeln von La Rochelle und Hastings sind sehr schön auch die das Segel entsprechend verstärkenden Reffbänder zu sehen.
(Zeichnungen von Werner Zimmermann, Augsburg)

Die im Mittelalter beliebten Reffe verschwanden zunächst für fast zwei Jahrhunderte, um seit dem späten 17. Jahrhundert ein mehr als glorreiches „Comeback“ zu feiern.

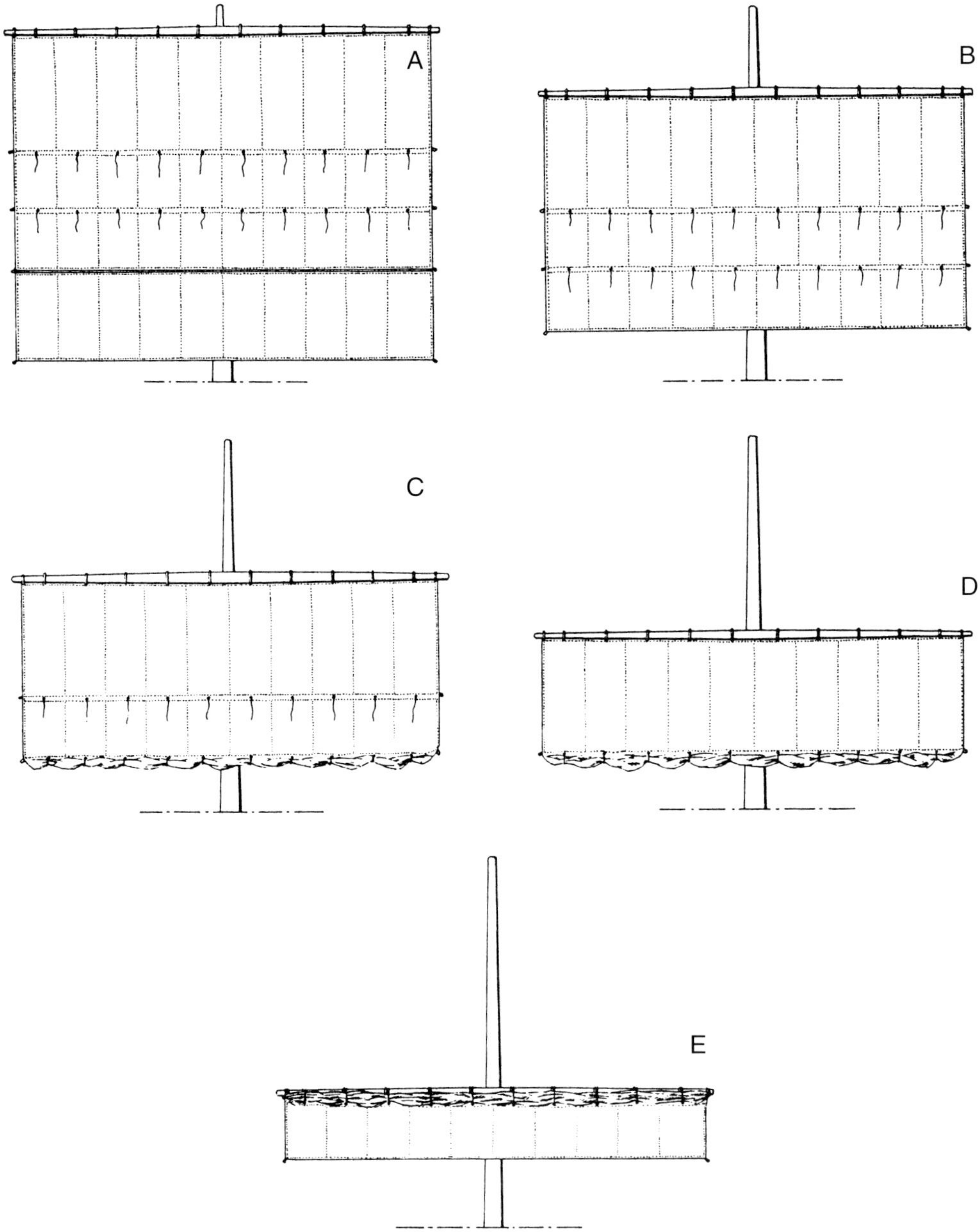

Möglichkeiten zu Verkleinerung der Fläche eines Segels:
A. Segel mit einem oder mehreren Bonnets; „Alles Tuch“ gesetzt. B. Bonnets abgeschlagen. C. Unterstes (erstes) Reff eingebunden. D. alle Reffe eingebunden. E. Reffe zur Rah aufgebunden; letzte Stufe vor „Topp und Takel“.
Durch Kombinationen zur Rah aufgebundener Reffe (vor allem seit den „oben“ stehenden Reffen seit dem späten 17. Jahrhundert) konnten weitere Zwischenstufen erreicht werden.
(Zeichnungen von Werner Zimmermann, Augsburg)

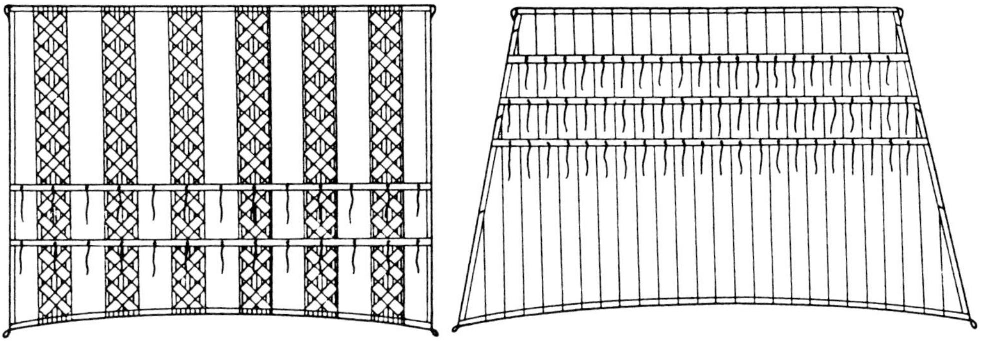

Links: Reffbänsel 13. bis 15. Jahrhundert. Die Reffbänsel saßen im unteren Teil des Segels.
Rechts: Reffbänsel 17. bis 20. Jahrhundert. Die am Untersegel bis zu zwei, am Marssegel bis zu vier Reihen Reffbänsel saßen im oberen Teil des Segels.

Reffe historisch

Die früheste mir bekannte Darstellung von Reffen stammt vom ältesten Siegel von La Rochelle um 1200. Die Technik dürfte allerdings bereits schon eine ganze Weile früher bekannt gewesen sein, denn immerhin führt dieses Schiff nicht weniger als *drei* Reihen Reffe. (Übrigens sind auch deutlich die quer aufgenähten Reffbänder zu erkennen.)
Ende des 14. Jahrhunderts geriet diese Technik in Nordeuropa zunächst weitgehend in Vergessenheit. Nur im Mittelmeer, wo man bei Lateinersegeln kaum mit Bonnets arbeiten konnte, blieb sie erhalten, von wo sie Mitte des 17. Jahrhunderts eine triumphale Rückkehr auch in den Norden feiern konnte.
Bei mittelalterlichen Segeln saßen die Reffe meist in der unteren Hälfte des Segels, nach ihrer Wiederentdeckung im 17. Jahrhundert in der oberen Hälfte – das mag damit zusammenhängen, dass auch bei Lateinersegeln die Reffe ziemlich hoch, mehr oder minder parallel zur Rute angesetzt waren.
1655 führte man an den Marssegeln eine einfache Reihe von Reffen ein. Um 1680 wurde diese doppelt. Im 18. bis zur Mitte des 19. Jahrhunderts kamen dann bis zu vier Reihen vor. Als man Mitte des 19. Jahrhunderts die Marssegel in Untermarssegel und Obermarssegel teilte, verblieben die Reffe am Obermarssegel, wurden aber auf eine, höchstens zwei Reihen reduziert.
Eine einfache Reihe von Reffen wurde ab 1680 auch an den Untersegeln verwendet, allerdings war es bis Mitte des 18. Jahrhunderts vielerorts üblich, hier nur Gattchen in einem Reffband anzubringen und die Reffe erst bei Bedarfsfall einzuziehen – erklärbar dadurch, dass bei allzu heftig auffrischendem Wind (nach den Bramsegeln) zunächst die Untersegel eingeholt wurden, während man die Marssegel, um das Schiff steuerbar zu halten, wirklich oft so lange stehen ließ, bis sie wirklich „aus den Lieken flogen“.
Bei drohenden Unwettern als erste geborgen, wurden an Bram- und noch höher stehenden Segeln keine Reffe gefahren, an Bramsegeln allenfalls ein Reffband mit Gattchen.

Reffe führten außerdem nun alle Klau-, Schnau- und Gaffelsegel.
Bei der Unterblinde dienten, kreuzweise gesetzt, die Reffe weniger der Reduzierung des Winddrucks als dazu, die Leekante des Segels vom Wasser freizuhalten.
Im 18./19. Jahrhundert wurden häufig das Vorstagsegel und andere Unterstagsegel mit Reffen (zumindest Reffbändern mit entsprechenden Gattchen) ausgerüstet.

Reffe an Modellsegeln

Zunächst: Refftaue sind auf einem „Normal"-Modell so dünn, dass Sie die originale Bekleidung/Zurring ganz einfach vergessen können.
Allerdings sieht man da nur zu oft grausam „struppige" Teile, bei denen die Reffe in alle Winde stehen. Dies mag „ganz streng historisch" sogar richtig sein, denn diese Tauenden wurden tatsächlich vom Wind hin und her geblasen. Auf einem Modell sieht dies freilich ziemlich „besch...en" aus. Wenn sie allerdings gnadenlos gerade und parallel stehen wie Zinnsoldaten, dann ist das entschieden auch nicht viel besser.
Trick: Fädeln und knoten Sie zunächst einmal das Refftau in das Segel, wobei man dessen Länge durchaus großzügig bemessen sollte, ehe man es abschneidet. Beim zweiten Knoten ist eine dickere Nadel oder das spitze Ende einer Pinzette, mir der man diesen Knoten an der richtigen Stelle zusammenzieht, durchaus hilfreich.
Sodann: Gut die Hälfte des Taus sowie die Segelfläche, auf der es liegen soll, mit Leim (PONAL!) einstreichen. Trocknen lassen. Nochmals das Taustück einstreichen und ankleben. Wenn das geklebte obere Ende nicht ganz so exakt steht wie ein Zinnsoldat und das untere sich ein wenig verdreht, dann ist das *genau richtig!* Es sieht ordentlich, aber nicht *unnatürlich ordentlich* aus.
Abschließend schneiden Sie mit Hilfe eines Lineals – oder auch mit gutem Augenmaß – die Enden der Reffe auf gleiche Länge. Diese waren – anders als auf vielen Modellen zu sehen – gar nicht so kurz, mussten sie doch eine ganze Menge Segelstoff zusammenhalten!

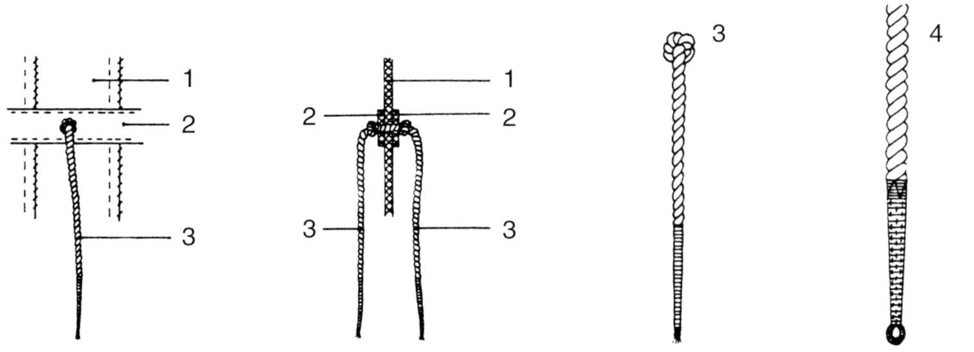

Reffbänsel: 1. Segel, 2. auf das Segel genähtes Reffband (Verstärkung), 3. Reffbänsel. 4. unteres, original gekleidetes Ende eines Reffbänsels (für Modellbauer im Zweifelsfall irrelevant).

Segel anschlagen an der Rah

Wenn nun die Segel fertig genäht und mit Liektauen eingefasst sind, werden sie an den Rahen angeschlagen.
Für einen weniger erfahrenen Modellbauer mag dieser frühe Zeitpunkt etwas überraschend kommen, da noch nicht einmal die Rahen an den Masten befestigt sind. Wer aber über etwas Praxis im historischen Schiffsmodellbau verfügt, kennt den Grund: Das Anschlagen der Segel an den Rahen lässt sich viel leichter bewerkstelligen, wenn man Rah und Segel vor sich auf dem Tisch liegen hat und sie nach Lust und Laune drehen und wenden kann. Muss man dagegen diese Arbeit, behindert durch das zahlreiche Tauwerk des Stehenden, möglicherweise sogar schon des Laufenden Gutes durchführen, erweist sie sich als recht mühsam. Später montiert man dann die Rahen samt Segeln (und allen an der Rah und den Segeln direkt angreifenden Blöcken und Tauen) an den Masten, was nicht komplizierter ist, als wenn man die noch nackten Rahen anbringt, einem aber viel Fieselei erspart.
Bis ins 19. Jahrhundert hingen die Segel generell *unter* der Rah – zumindest an ihren äußeren Enden. Da Rahen jedoch konisch waren, der Segelkopf jedoch in aller Regel gerade geschnitten, darf sich die Segelmitte durchaus ein wenig *vor* die Rah schieben. Nach Einführung der Jackstage im 19. Jahrhundert hingen die Segel dann grundsätzlich etwa mittig des Rahdurchmessers vor der Rah.
Auf Modellbauplänen (von Baukästen ganz zu schweigen) wird das Anschlagen der Segel im Allgemeinen entweder überhaupt nicht gezeigt, und wenn, dann oft mit der falschen Methode. Auf den Zeichnungen sehen Sie die vier möglichen Methoden.

Reihleine

Dieses System war vor allem im Mittelmeer weit verbreitet. Von dort wurde es in Nordeuropa Anfang des 15. Jahrhunderts zunächst für die lateinischen Besansegel übernommen, ebenso wie Ende des 15. Jahrhunderts für die ersten, noch sehr kleinen Toppsegel. Große Lateinersegel waren übrigens auch im Mittelmeer nie mit einer Reihleine, sondern immer mit Beschlagzeisingen angeschlagen. Die Reihleine war etwa 50 % des zugehörigen Kopflieks.

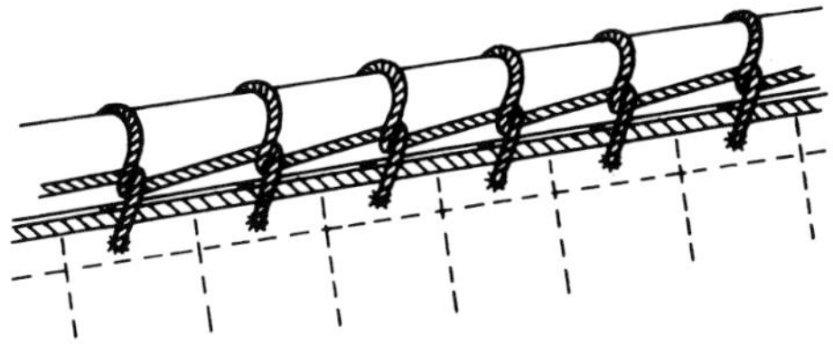

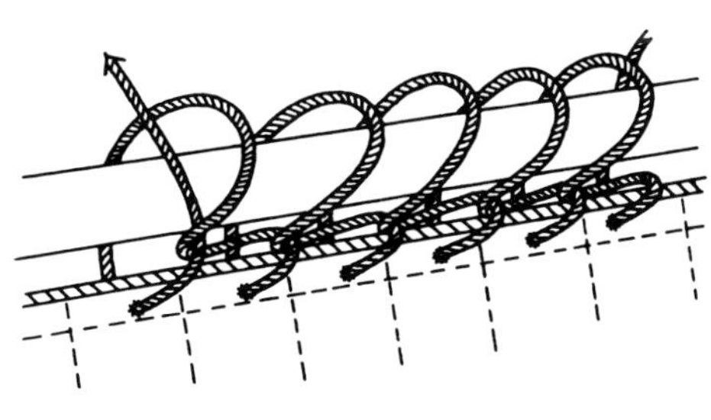

Segel anschlagen mit laufender Reihleine.

Bis zur Mitte des 16. Jahrhunderts verschwand die Reihleine auf größeren Schiffen vollständig. Sie wird aber bis heute von kleineren Fischereifahrzeugen und Küstenbooten an Gaffel oder Baum verwendet.
Auch im afrikanischen, süd- und südostasiatischen sowie pazifischen Raum erfreute sich die Reihleine ebenfalls, zumal bei kleineren Fahrzeugen, einer gewissen Beliebtheit.

Beschlagzeisinge

Dies war im Mittelmeer seit der Antike, seit dem Frühmittelalter im nördlicheren Europa die klassische Methode, ein Segel an der Rah zu befestigen.
Das ältere System setzte mit zwei Knoten – einer vor, einer hinter dem Segel um ein Durchrutschen zu vermeiden – an. Das hintere, längere Zeisingteil wurde zweimal um die Rah geschlungen und dann auf der Rah mit dem vorderen, kürzeren Teil mit einem Achterschlag (s. Kap. Knoten, Zurrings und Spleißen) verknotet. Diese Methode wurde allgemein bis Anfang des 17. Jahrhunderts verwendet, danach noch teilweise im Mittelmeer, wo sie erst im 19. Jahrhundert verschwand.
In Mittel- und Nordeuropa kam Anfang des 17. Jahrhunderts eine Methode auf, die in mehreren Schlaufen um Rah, Kopfliek und durch die Beschlaggattchen geführt wurde, bevor man die Zeisinge auf der Rah verknotete. Es gab zwei Versionen, eine für die großen Segel der Unter- und Marsrahen, und eine etwas einfachere für die kleinen Segel der Bram- und Royalrahen.
Beschlagzeisinge maßen etwa 40 bis 50 % des zugehörigen Kopflieks.

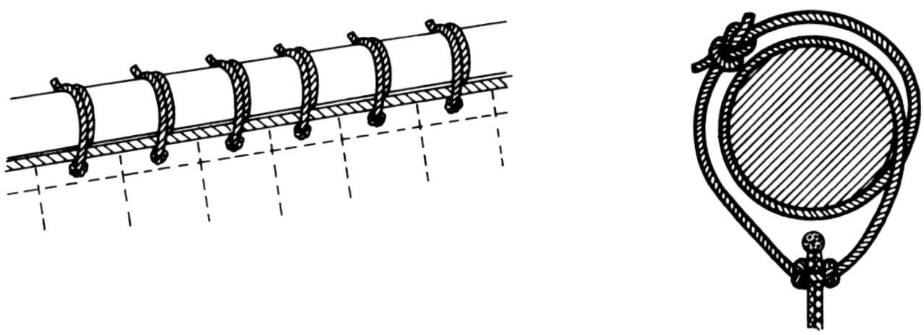

Segel anschlagen mit Beschlagzeisingen von der Antike bis ins 17. Jahrhundert.

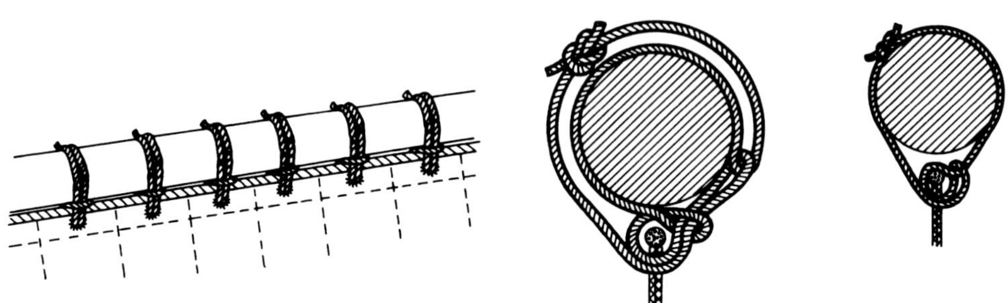

Segel anschlagen mit Beschlagzeisingen spätes 17. bis Mitte 19. Jahrhundert. Mitte große Rahen, rechts kleine Rahen.

Für den Modellbauer kommt praktisch eigentlich nur die ältere Methode zum Anbringen von Zeisingen in Frage. Die neuere Form ist einfach zu kompliziert, allenfalls kann er sich mit der neueren Methode für kleine Rahen versuchen, wobei er dann bei den unteren Rahen zunächst aber noch einem zweiten Schlag um die Rah legen muss.
Als Knoten empfehle ich den „Dreifachknoten“, da man den ersten Knoten (Hausfrauenknoten) ggf. noch etwas nachziehen kann, ehe man das Ganze mit einem aufgesetzen Achterschlag und einem Tröpfchen Ponal endgültig sichert.
Tipp: Setzen Sie zunächst die beiden Zeisinge an den Enden der Rah, dann einen in der Mitte und, je nach Rahgröße, nochmals einen oder zwei dazwischen. Damit haben Sie das Segel schon einmal grundsätzlich an der Rah befestigt und tun sich erheblich leichter, wenn Sie nun auch die übrigen Zeisinge anbringen.

Jackstag-Zurrings

Als man in der ersten Hälfte des 19. Jahrhunderts die Jackstage (s. Bd. 7 Masten und Rahen, Kap. Jackstage) einführte, wurden die Segel mit Zurrings an diesen angeschlagen, welche – je nach Segelgröße – vier bis fünf Schläge aufwiesen.
Das Zurringtau maß etwa 20 % des zugehörigen Kopflieks. Gelegt wird es wie jede andere Zurring, muss aber so lang sein, dass das Kopfliek später etwa mittig an der Rah entlang läuft. Es macht entschieden Sinn, das Segel mit ein paar Tropfen Ponal oder auch ein paar Stückchen Kreppband zunächst entsprechend richtig positioniert provisorisch zu positionieren. Wenn das Segel dann entsprechend gezurrt ist, macht es ebenfalls modellbauerischen Sinn auf der Innenseite des Segels dieses mit der Rah ein wenig zu verkleben.

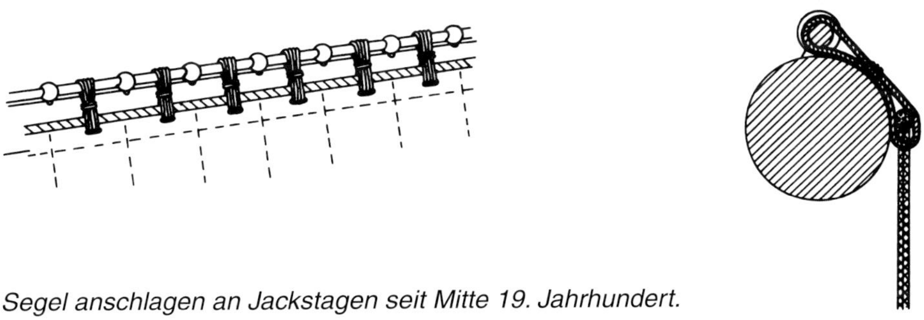

Segel anschlagen an Jackstagen seit Mitte 19. Jahrhundert.

Nockzurrings

Damit sich das Segel in der Mitte nicht zusammenschieben konnte, wurden die Nocklegen mit Zurrings an den Rahnocken befestigt.
Das Segel sollte nun straff – ohne *scharf* gespannt zu sein – an der Rah sitzen, d. h. es darf, wenn es frei herunterhängt, keine Falten werfen!
Modellbauerisch konkret: Wirft das Segel Längsfalten, dann sitzt es zu locker, und die Nockzurrings müssen noch etwas straffer angezogen werden. Wirft das

Segel jedoch Querfalten, sitzt es eindeutig zu stramm, und entsprechend müssen die Nockzurrings wieder ein wenig gelockert werden.

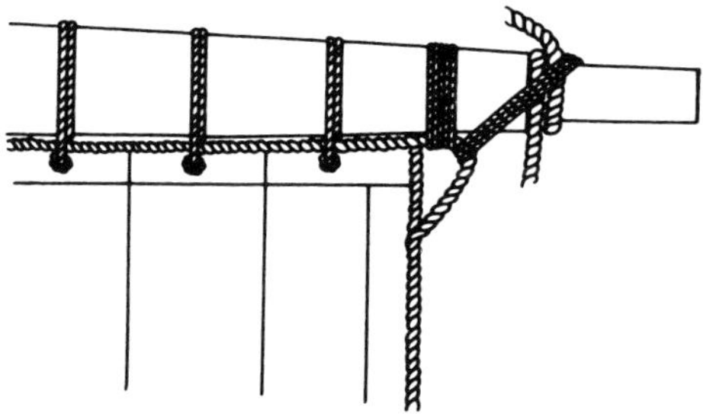

Zurring an der Rahnock bis Mitte 19. Jahrhundert.

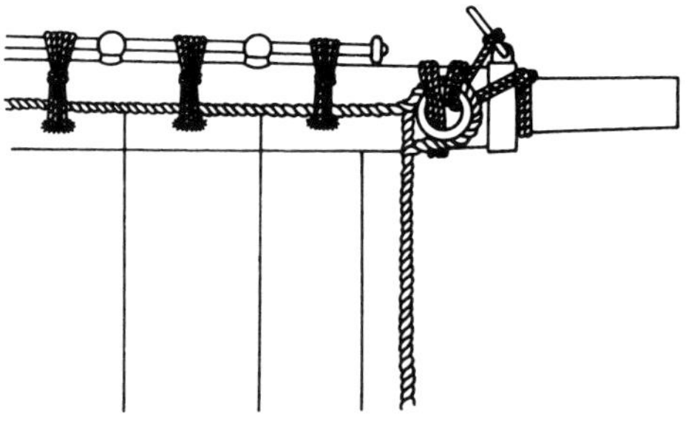

Zurring an der Rahnock nach Mitte 19. Jahrhundert.

Hoch getakelter Kriegskutter der englischen Marine um 1780. Diese Schiffe waren mitunter freilich auch echt „übertakelt" (s. S. 57), was sie zwar extrem schnell aber auch extrem unwendig und damit vielfach den französischen Korsaren- und Schmuggler-Luggern unterlegen machte. (Modell im Science Museum, London South Kensington)

Blinde- und Leesegel

Es ist in diesem Zusammenhang erforderlich, noch einem Blick auf zwei spezielle Segeltypen zu werfen:

Blindesegel

Das Blindesegel (seit dem 17. Jahrhundert auch „Unterblinde“ genannt) unter dem Bugspriet kam Ende des 15. Jahrhunderts in Gebrauch und verschwand in der ersten Hälfte des 19. Jahrhunderts wieder (auch wenn seine Rah vielfach noch erhalten blieb – s. auch Bd. 7 MASTEN UND RAHEN Kap. Blinderah).
Zunächst, als der Bugspriet noch relativ steil aufragte, war die Blinde ein Segel wie jedes andere in Form, Herstellung und Liektaumaßen.
Daran änderte sich auch später prinzipiell nichts außer: Als man seit dem 17. Jahrhundert den Bugspriet jedoch immer flacher fuhr, wurde es notwendig, dieses Segel entsprechend zu modifizieren, damit es möglichst wenig „Wasser machte“.
Zunächst wurden kreuzweise angeordnete Reffe angebracht. Mit ihrer Hilfe konnte das Segel schräg aufgebunden, also an der Leeseite so gekürzt werden, dass es nicht im Wasser schleifte.
Seit Mitte des 17. Jahrhunderts waren zudem im untersten Teil zwei Löcher, außen rechts und links – seit der ersten Hälfte des 18. Jahrhunderts oft noch ein drittes Loch in der Mitte –, eingeschnitten. Diese Löcher waren mit dünneren Liektauen (Kopfliekstärke) eingefasst und dienten dazu, wenn das Segel Wasser übernahm, dieses möglichst schnell wieder abfließen zu lassen.

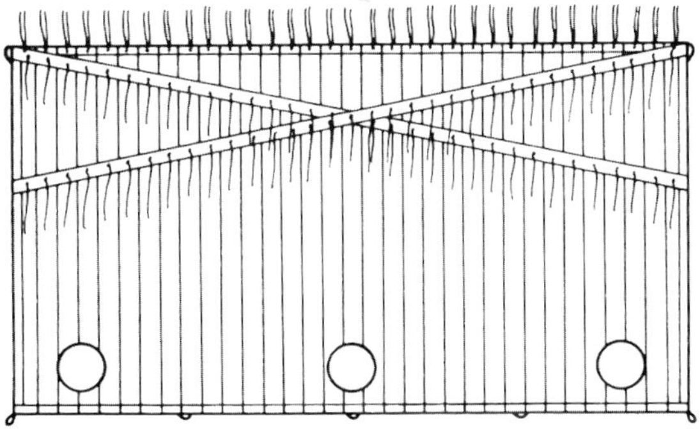

Blindesegel (Unterblinde) seit dem 17. Jahrhundert mit gekreuzten Reffbändern und zwei, seit dem 18. Jahrhundert drei Wasserlöchern.

Leesegel

Um bei schwachem Wind die Segelfläche zusätzlich zu vergrößern, oder bei Normalwind ein Schiff noch schneller zu machen, wurden so genannte „Leesegel“ eingesetzt. Es waren diese leichten Segel, die im Bedarfsfall außerhalb der Normal- bzw. Stammsegel zusätzlich gesetzt wurden.

Anders als in nahezu allen einschlägigen Büchern zu lesen, wurden – historisch aus den verschiedensten Berichten der „Armada“-Schlacht 1588 unbezweifelbar nachgewiesen – Leesegel an den Unterrahen bereits im späten 16. Jahrhundert (zumindest in England) eingesetzt. So rüstete ich denn auch die Flachdeck-Galeone TYGAR von 1580 für das Deutsche Technikmuseum in Berlin aus.

Leesegel waren rechteckig oder trapezförmig, wobei sich die Kleider stets nach der inneren, dem Mast zugewendeten Kante richteten. Original gewöhnlich aus dünnerem Stoff gefertigt als die zugehörigen Stammsegel, ist das im Modell praktisch kaum nachzuvollziehen (was man glücklicherweise in der Modellrealität ohnehin nicht erkennen kann), ansonsten wie diese gefertigt. Die Liektaue entsprachen dem Kopfliektau des Stammsegels.
Mehr zum Thema Leesegel s. Bd. 10 LAUFENDES GUT Kap. Leesegel.

Leesegel, also Zusatzsegel an den Unterrahen, wurden historisch nachweislich bereits um 1580 in England erfunden und eingesetzt. So sind sie auch auf dem Modell der Flachdeck-Galeone TYGAR dargestellt.
(Modell von Wolfram zu Mondfeld im Deutschen Technikmuseum, Berlin)

Lateiner- und Schratsegel

Es ist im Zusammenhang dieses Buches unumgänglich, auch etliche „Sonderformen“ von Segeln näher in Augenschein zu nehmen, wobei eben dieser Begriff bewusst in Anführungszeichen geschrieben ist, denn eigentlich waren sie – etwa Lateiner-, Klau-, Gaffel-, Lugger- oder Stagsegel – ebenso üblich wie „normale“ Rahsegel.
Gemeinsam ist diesen Segeln – sie wurden pauschal als „Schratsegel“ bezeichnet –, dass sie zumindest in ihrer Grundstellung längs zur Schiffsmitte angeordnet waren. Entsprechend gefiert konnten sie jedoch nicht nur wie ein Quersegel seitliche und achterliche, sondern auch vorliche Winde optimal einfangen und zum Vortrieb ausnutzen. Anders gesagt: Ein mit Schratsegeln getakeltes Schiff konnte so sehr hoch an den Wind gehen, sogar fast *gegen* diesen fahren. Das machte derart getakelte Schiffe nicht nur extrem wendig. Bei achterlichen Winden waren sie zwar meist einem quer getakeltem Schiff an Schnelligkeit

Lateinersegel.
A: Die im Mittelmeer allgemein übliche Form.
B: Bonnet auf Schiffen nordeuropäischer Bauart.
C: Segel mit angeschnittenem Bonnet wie in Nordeuropa ab 18. Jh. und im arabischen Raum üblich.

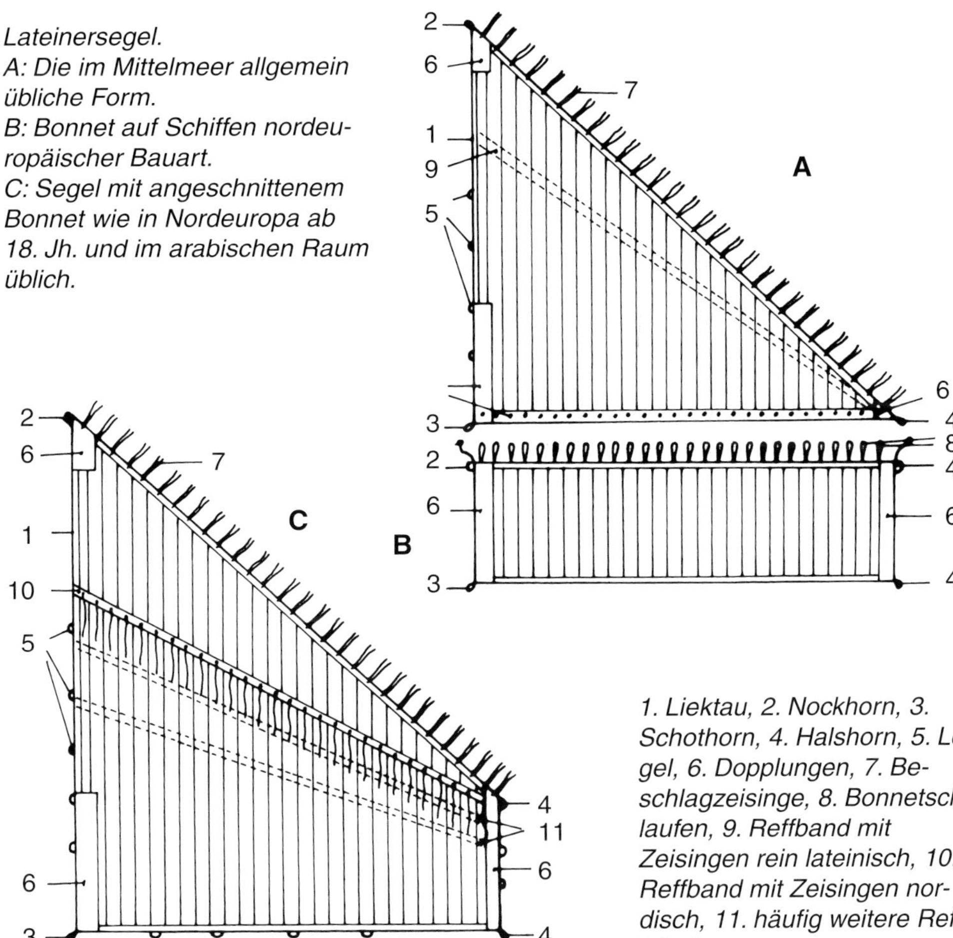

1. Liektau, 2. Nockhorn, 3. Schothorn, 4. Halshorn, 5. Legel, 6. Dopplungen, 7. Beschlagzeisinge, 8. Bonnetschlaufen, 9. Reffband mit Zeisingen rein lateinisch, 10. Reffband mit Zeisingen nordisch, 11. häufig weitere Reffbänder.

unterlegen, bei seitlichem Wind bereits ebenbürtig und bei vorlichem Wind eindeutig *über*legen. Aus diesem Grund kombinierte man auf größeren Schiffen seit dem 16. Jahrhundert zunehmend gerne auch Quer- und Schratsegel.

Lateinersegel (auch Lateinsegel genannt)

Das dreieckige Lateinersegel ist bereits in der Antike dokumentiert und blieb bis tief ins 19. Jahrhundert das Lieblingssegel im Mittelmeerraum (und auch heute gibt es noch Schiffe, vornehmlich Fischerei- und kleinere Küstenfahrzeuge, die zusätzlich zu einem Dieselmotor mit Lateinersegeln ausgerüstet sind).
In Nordeuropa wurde das Lateinersegel im 15. Jahrhundert als Besan- und Bonaventursegel als „Steuersegel“ übernommen und hielt sich als solches bis ins frühe 18. Jahrhundert.
Die Kleider der Lateinersegel richteten sich – wie bei allen Schratsegeln (!) – nach dem Achterliek.
Das Liektau hatte eine Stärke von 75 bis 80 % der jeweils zugehörigen Wanten. Kopfliektaue waren bei Lateinersegeln ungebräuchlich. Das Liektau wurde „rundgenäht“, d. h. man begann am hinteren, oberen Ende und führte es dann rund um das Segel zu seinem Ausgangspunkt zurück, wobei man an den Ecken die entsprechenden Hörner bildete.

Lateinisch getakelte spanische Schebecke C*AZADOR*, *18. Jahrhundert.*
(Bis auf Kleinigkeiten optimales Baukastenmodell der Firma O*CIO CREATIVO*, *Mataró – Barcelona)*

Im Mittelmeer wurden so gut wie nie Bonnets gefahren. Diese wurden diesem Segeltyp in Nordeuropa angehängt. Wenn im Mittelmeerraum ein Lateinersegel „gekürzt“ werden musste, verwendete man ein bis zwei Reihen Reffe, welche ziemlich hoch am Segel und mehr oder minder parallel zur Rah gefahren wurden – blies der Wind noch heftiger, verkroch man sich vernünftigerweise in einem Hafen oder einer schützenden Bucht, die in jenen Regionen ja nie allzu weit entfernt ist. (Mehr zu Lateinersegeln in Bd. 9 STEHENDES GUT und Bd. 10 LAUFENDES GUT jeweils Kap. Lateinersegel und Bd. 11 ALLERLEI EXOTEN)

Dausegel

Ein Dausegel war/ist (Daus werden heute noch *so* im Indischen Ozean gefahren) eigentlich nichts anderes als ein Lateinersegel mit bereits „angeschnittenem“ Bonnet (s. auch Bd. 11 ALLERLEI EXOTEN).

Große indische Pattamar mit typischen Dausegeln. (Modell im Musée de la Marine, Paris)

Klau-, Schnau- und Gaffelsegel

Diese Segel waren auf zumal nordeuropäischen Schiffen eine Weiterentwicklung des Lateinersegels, um eine bequemere Handhabung zu erreichen. In der ersten Hälfte des 18. Jahrhunderts wurde das bis dahin am Besanmast gefahrene Lateinersegel durch ein vorne gekürztes Klausegel – genannt nach der den Mast umfassenden „Klaue“ der entsprechenden Klaurah bzw. Gaffel – (s. auch Bd. 7 MASTEN UND RAHEN Kap. Gaffel) ersetzt.
Schnausegel waren mit Klausegeln identisch, nur dass ihre Vorderkante nicht am eigentlichen Mast, sondern an einer dahinter angesetzten Stange, dem Schnaumast angeschlagen war (s. Bd. 7 Kap. Schnaumast).
Als Mitte des 18. Jahrhunderts in Russland der Gaffelbaum erfunden wurde, konnte man das an ihm befestigte Schothorn nun bis weit hinter die Puppreling ausfahren und das nun als Gaffelsegel bezeichnete Segel ganz beträchtlich vergrößern.

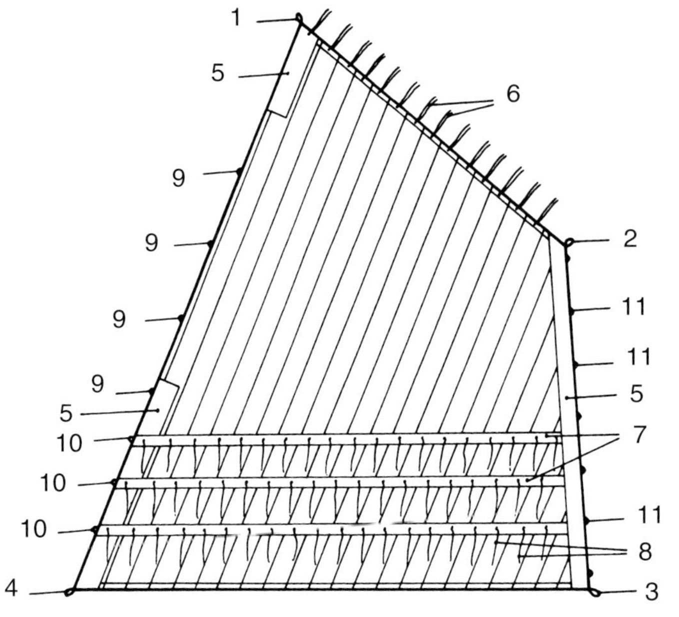

*Gaffelsegel:
1. Nockhorn oder Piekohr, 2. Klauohr, 3. Halshorn, 4. Schothorn, 5. Dopplungen, 6. Beschlagzeisinge, 7. Reffbänder, 8. Reffzeisinge, 9. Gordingslegel, 10. Refflegel, 11. Beschlaglegel am Anschlagliek.*

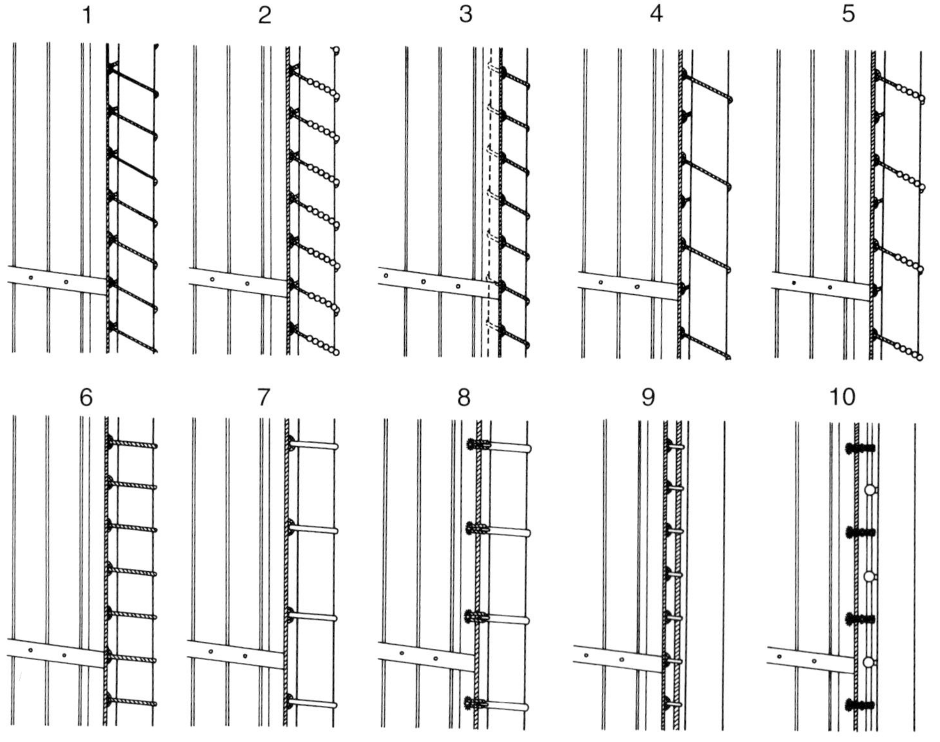

Beschlagen am Mast (natürlich auch Schnaumast): 1. laufendes Tau, 2. laufendes Tau mit Klotjes, 3. laufendes Tau enge Zurring, 4. Tauschlingen, 5. Tauschlingen mit Klotjes, 6. Tauringe, 7. Holzringe, 8. Metallringe mit Zurring, 9. Metallringe am Jackstag aus Tau, 10. Metallringe am Jackstag aus Metall.

CALA ESMERALDA, 1916 in Mallorca gebauter Gaffelschoner. (Nahezu optimales Baukastenmodell der Firma OCIO CREATIVO, Mataró – Barcelona)

In der ersten Hälfte des 19. Jahrhunderts wurde es dann vielfach üblich, neben dem großen Gaffelsegel am Besanmast, auch an Groß- und Fockmast kleinere Klausegel zu fahren.
Manche Schiffe, z. B. Schoner, Kutter und Yachten, waren vollständig gaffelgetakelt und führten allenfalls eine Breitfock oder Toppsegel. Seit der Mitte des 19. Jahrhunderts kamen auch immer mehr Mischtypen in Mode, bei denen gewöhnlich der Fockmast quer, die anderen Masten nur gaffelgetakelt waren.
Die Liektaue der Klausegel entsprachen den Maßen zugehöriger Quersegel, jene sehr großer Gaffelsegel waren um 10 bis 25 % stärker. Reffe fuhren diese Segel mindestens eine Reihe, größere Besan-Klausegel mindestens zwei, Gaffelsegel bis zu vier, die stets parallel zur Unterkante des Segels ausgerichtet waren.
Angeschlagen waren diese Segel an der Gaffel grundsätzlich mit Beschlagzeisingen.
Für das Beschlagen ihrer Vorderkante am Mast gab es freilich eine ganze Reihe von unterschiedlichen Systemen. Da diese in kaum einem Modellbauplan zu sehen, und auch in der Fachliteratur nur schwer zu finden sind, habe ich sie (soweit überhaupt möglich) in den Zeichnungen wiedergegeben:
Die Methoden 1 bis 5 wurden im 18. Jahrhundert verwendet. Die Klotjes – auch Korallen oder Perlen genannt – sollten das Durchscheuern des Taus am Mast verhindern. Die Methoden 4 und 5 wurden hauptsächlich auf kleineren Schiffen

verwendet und kamen, insbesondere an der Nordseeküste bis Anfang des 20. Jahrhunderts vor. Um 1800 führte man vielerorts Tauringe ein (6). Es dauerte allerdings bis etwa 1820, bis diese die älteren Formen verdrängt hatten. Um 1820/30 kamen dann Holzringe aus Esche, die etwa 1/3 größer als der Mastdurchmesser waren, in Gebrauch. Man führte sie entweder durch Legel (7) oder zurrte sie an Gattchen am Segel selbst (8). Mitte des 19. Jahrhunderts wurden, wie mehrfach schon erwähnt, Jackstage am Besan- oder Kreuzmast befestigt. Die ersetzten dann den Schnaumast und wurden dann auch an anderen Masten, an denen entsprechende Segel angeschlagen werden sollten (s. auch Bd. 7 Masten und Rahen Kap. Jackstage), eingeführt. Die Segelvorderkante wurde an diesen mit Metallringen bzw. Stagreitern (9) oder Zurrings (10) angeschlagen.

Luggersegel

Auch dieser Segeltyp war bereits in der Antike bekannt. Ernsthafter durchsetzen konnte sich dieses Segel lange Zeit freilich nur in der nödlichen Adria, wo es noch heute, traditionell bunt bemalt, auf Fischereifahrzeugen und kleinen Küstenfahrern anzutreffen ist.

Im 18. Jahrhundert entdeckten dann die Korsaren und Schmuggler an den Nordwestküsten Frankreichs ihr Herz für diese Takelform. Mit geringer Mannschaft zu segeln waren diese Schiffe so extrem schnell und vor allem wendig, dass sie fast regelmäßig den englischen Zollkuttern davonlaufen oder diese ausmanövrieren konnten. „Chasse-marée“ (= „Meeresjäger“) nannte man liebevoll und durchaus berechtigt diese Schiffe, die nun vielfach auf luggergetakelte Mars- und Bramsegel führten. (Im Deutschen Technikmueum in Berlin findet sich ein wunderschönes, „bewegtes“ Diorama solch einer Verfolgungsjagd zwischen einem Chasse-marée aus St. Malo und einem hoch übertakelten englischen Zollkutter.) Im frühen 19. Jahrhundert verschwanden zwar die Korsaren (die Schmuggler blieben) und ihre exquisiten Schiffe wurden nun bis in die erste Hälfte des 20. Jahrhunderts hauptsächlich als Fischereifahrzeuge verwendet.

Im Gegensatz zu Europa, wo das Luggersegel nur höchst regional begrenzt eine Rolle spielte, war es in Ostasien „*das* Segel schlechthin“! So waren chinesische Dschunken prinzipiell mit Luggersegeln ausgerüstet, wenn auch in einer von Europa etwas abweichenden Form (s. Bd. 11 Allerlei Exoten Kap. Luggertakelung).

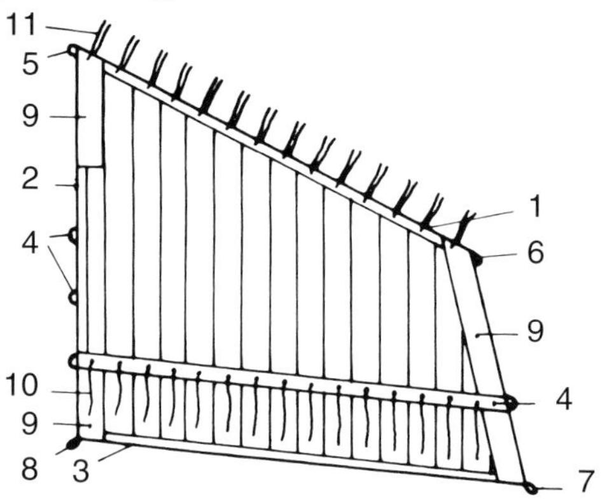

Luggersegel: 1. Kopfliektau, 2. Seitenliektau, 3. Fußliektau, 4. Legel, 5. Nockhorn, 6. Klauhorn, 7. Halshorn, 8. Schothorn, 9. Dopplungen, 10. Reffband mit Reffzeisingen (bei großen Untersegeln bis zu drei, bei großen Marssegeln eines, bei Bramsegeln keines), 11. Beschlag- bzw. Kopfzeisinge.

Schratsegel am Modell

Schratsegel wurden grundsätzlich (und so auch im Modell) so hergestellt wie in den bisherigen Kapiteln schon beschrieben, wobei sich die Kleider, nochmals gesagt, stets nach dem Achterliek ausrichten.
Die Liektaue folgten generell ebenso den schon beschriebenen Größen wie den, ebenfalls schon beschriebenen, Befestigungsmethoden. Bei dreieckigen Segeln gab es meist kein Kopfliektau (das erschien allenfalls in Nordeuropa bei Stagsegeln im Verlauf des 18. Jahrhunderts).

Der französische Korsaren-Lugger Le Coureur, 1776 nach Plänen von Denys de Dunkerque erbaut (die Flagge ist übrigens falsch!) und noch im gleichen Jahr von den Engländern erobert. (Gutes Modell der Firma Mamoli)

Stagsegel

Auf kleinen Schiffen kannte man sie bereits im Spätmittelalter auf. Große Schiffe begannen sie seit etwa 1660 zunächst eher vorsichtig einzusetzen. Bis Mitte des 19. Jahrhunderts hatten sie sich auf einem Dreimaster auf über eineinhalb Dutzend vermehrt.
Auch Stagsegel waren Schratsegel, allerdings mit der Besonderheit, dass sie nicht an Masten, sondern an den Stagen angeschlagen wurden.

Stagsegel wurden/werden wie alle anderen Segel hergestellt und mit Liektauen in den schon genannten Dimensionen eingefasst (s. Kap. Liektaue). Reffe führten seit dem 18. Jahrhundert das Vor- und Großstagsegel, gelegentlich im 19. Jahrhundert auch der Binnenklüver.
Eine besondere Anordnung der Kleider findet man seit etwa 1830 beim Flieger und manchmal auch beim Außenklüver. Auch im Modellbau sollten diese Segel *eigentlich* längs der Mittelnaht aus zwei Stücken (Weberichtung!) zusammengesetzt werden. Praktisch ist dies normalerweise kaum möglich. Man muss sich dann als Modellbauer sozusagen zwischen Pest und Cholera entscheiden: Den *einen* der beiden Teile korrekt in Weberichtung herstellen (was den anderen Teil leider grob in die falsche Weberichtung bringt). Oder ob man die Fadenrichtung nach der Kopfkante ausrichtet. Das ist dann zwar für *beide* Teile streng historisch „falsch", könnte jedoch nur einem mit einer guten Lupe ausgerüsteten Fundamentalisten auffallen ...

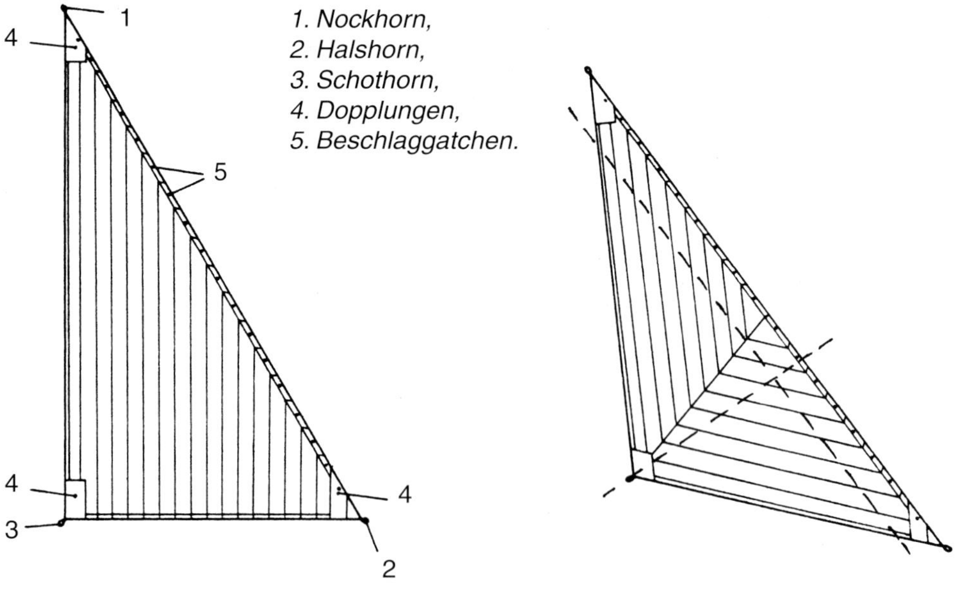

Links Stagsegel.
Rechts Flieger: – – – objektiv zwar unhistorische, für den Modellbauer jedoch meist einzige Möglichkeit der Fadenrichtung des Segeltuchs.

Anschlagen von Stagsegeln

Angeschlagen waren Stagsegel, von Kleidmitte zu Kleidmitte, bis etwa 1815 in der Regel mit einer laufenden Leine. Seit Mitte des 18. Jahrhunderts wurden vielfach auch entsprechende Eisenringe verwendet. Danach kamen kurzfristig Tauzurrings in Gebrauch, ehe man sie mit U-förmigen, so genannten „Stagreitern" befestigte.
Natürlich ist die „laufende Leine" für den Modellbauer die bequemste Form des Abschlagens – und sie war ja auch auf kleineren Schiffen bis ins 20. Jahrhundert in Gebrauch.
Auf großmaßstäblichen Modellen (1:25 und mehr) muss man sich die entsprechenden Stagreiter aus Messingdraht zurechtbiegen, entsprechend „auf Eisen" schwärzen (s. Bd. 2 MATERIAL UND WERKZEUG Kap. Metall färben) und original zurren.
Bei 1:50-Modellen empfehle ich entsprechende Metallringe, die man leicht von einem entsprechenden Kettchen abzwicken kann. Allerdings sollte dieses Kettchen gelötet sein, denn sonst rutscht das „Tau" der Zurring allzu leicht aus der „Pressfuge" heraus.
Achtung! Diese Ringe müssen auf das Stag gefädelt sein, *ehe* dieses gesetzt wird! Empfehlung: Fädeln sie ein halbes Dutzend Ringe mehr auf, als Sie eigentlich zu benötigen glauben. Brauchen Sie diese letztlich nicht, dann sind sie schnell wieder weggezwickt, wogegen es äußerst peinlich werden kann, wenn sich bei der Montage des Segels herausstellt, dass es ein oder zwei Ringe zu wenig sind.

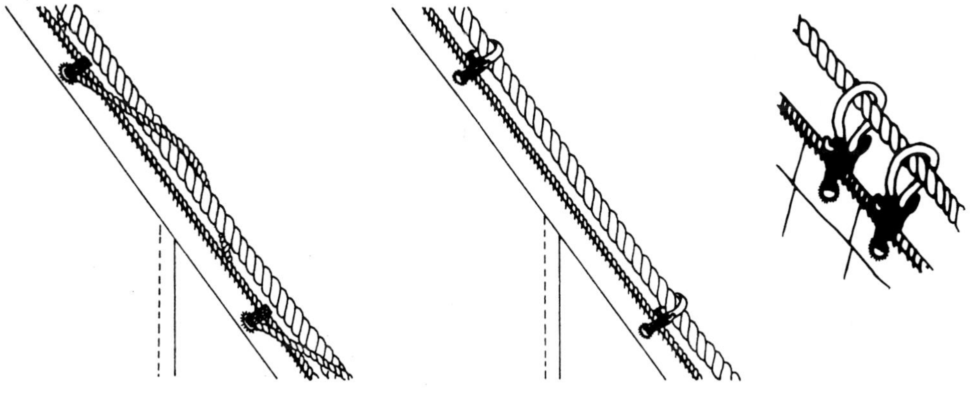

Anschlagen von Stagsegeln:
Links Methode mit laufender Leine wie bis etwa weitgehend 1820 üblich.
Mitte Methode mit Stagreitern, wie bereits teilweise im späten 18. Jahrhundert nachgewiesen, etwa ab 1815 allgemein üblich. Rechts Stagreiter mit Zurring.

Aufgegeite Segel

Obwohl dies nachweislich ziemlicher Unsinn ist, huldigen zumal Modellbaufirmen der von verschiedenen „Experten“ vertretenen Meinung, man solle an seinem Modell die Untersegel „aufgeien“, d. h. an die Rah hochziehen, um so einen besseren Einblick auf das Deck zu bekommen.
Dies ist objektiv zwar falsch, steht aber so nun einmal in der Welt, und zahlreiche Modellbauer richten sich danach.
Fakt ist, dass Untersegel (Fock- und Großsegel) in der Tat seit dem 17. Jahrhundert keineswegs mehr die bedeutende Rolle spielten wie zuvor, also im „Normalbetrieb“ zumindest aufgegeit, wenn nicht gar geborgen wurden. Die Hauptverantwortung für den Vortrieb des Schiffes übernahmen nun die höher im Luftstrom stehenden Marssegel.
So weit, so gut. Und ein Modell mit aufgegeiten Untersegeln entspricht ja auch durchaus einer historischen Realität (s. auch Bd. 1 Modelle und Vorkenntnisse Kap. Dargestellte Situation).
Was man da mitunter freilich zu sehen bekommt, das ist historisch nicht nur gnadenlos falsch (etwa herunterhängenden Schotzipfel), das Modell sieht so einfach albern, im schlimmsten Fall auch noch modellbauerisch grauenvoll aus!
In diesem und dem nächsten Kapitel einige typische Negativbeispiele: Die Baukastenfirmen, deren Modelle da gezeigt werden, mögen mir bitte verzeihen, denn was Rumpf und Ausrüstung anbelangt, sind diese Baukästen durchaus akzeptabel – nur hatte der Planzeichner offenbar keine Ahnung von historischer Segelführung.
Dass es ja auch korrekt geht, zeigt das dritte Beispiel aus einem Baukasten, wenn man sich darüber klar ist, wie ein Segel original aufgegeit wurde (zu den Taubezeichnungen s. Bd. 10 Laufendes Gut Kap. Geitaue und Gordings):
1. Mit den Geitauen wurden die Schorhörner zunächst an die Rah aufgezogen – daher stammt der Begriff „aufgeien“.
2. Mit den seit den Nockgordings wurden die Seitenlieke des Segels Richtung Rahmitte verholt.
3. Mit den Bug- oder Bauchgordings wurde schließlich auch das Fußliek nach oben gezogen.

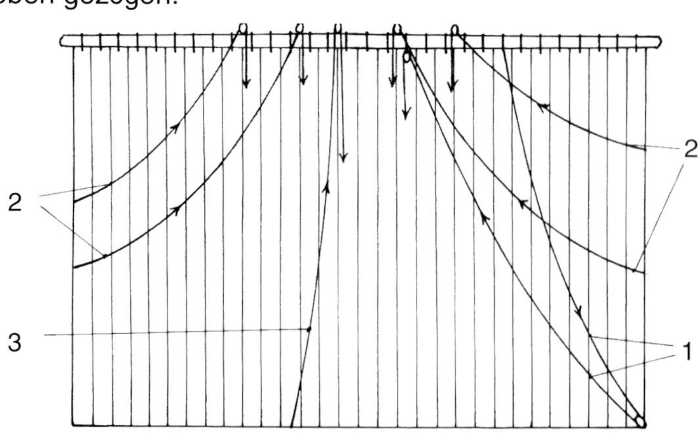

1. Die Schothörner wurden mit dem Geitau zur Rah aufgeholt. 2. Mit den Nockgordings und 3. den Bauchgordings wurde auch das übrige Segeltuch unter *und* vor *dem Segel zur Rah hochgezogen. Links Vorder-, rechts Hinterseite des Segels.*

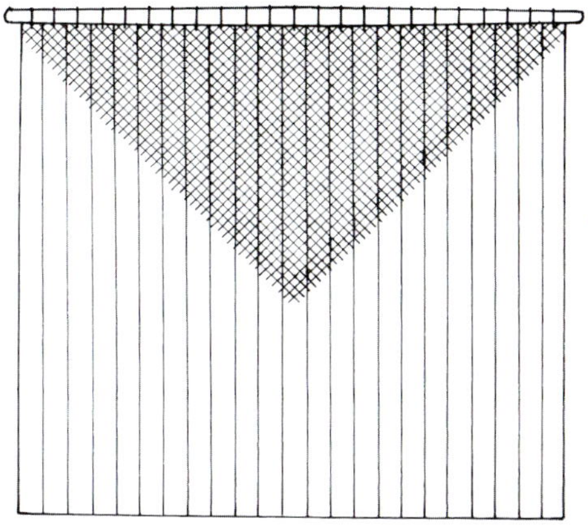

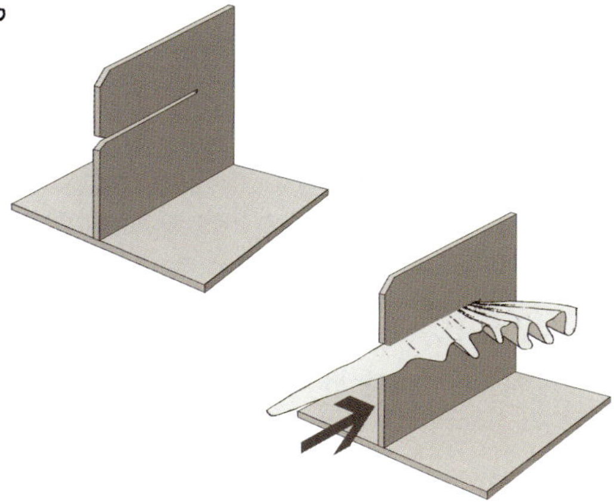

Links: Bei aufgegeiten Segeln darf nur die schraffierte Fläche gestärkt werden. Rechts: Ein aus Sperrholz selbstgebautes Werkzeug zur Herstellung bzw. Faltung abgefierter Stagsegel kleiner Schiffe. (Zeichnung Werner Zimmermann, Augsburg)

Genau in dieser Reihenfolge wurden Segel stets zur Rah aufgeholt, wobei es natürlich dem Modellbauer überlassen bleibt, in welchem Stadium er sein Segel zeigen will, wobei „aufgegeit" streng genommen nur den ersten Schritt zeigt – allerdings auch den häufigsten, wenn man historisch Luft aus den Untersegeln wegnehmen wollte.
In der Modellbaupraxis darf man „aufgegeite" Segel allenfalls im oberen Drittel stärken oder lackieren (s. Kap. Modellsegel), denn sonst wird das Segel zu steif und „legt" sich nicht mehr historisch natürlich und eigentlich eben wunschgemäß!

*Mit ungekonnten Segeln kann man den tadellosen Rumpf eines Modells übelst verderben!
Die Brigg GOLDEN STAR gilt als eines der wichtigen Schiffe im Unabhängigkeitskrieg der USA gegen England Ende des 18. Jahrhunderts.
Mit seinen unhistorisch zipfelnden Schothörnern und ebenso gnadenlos falscher Reffung der Segel hat sich bei diesem Baukasten ein „Designer" wohl selbst voll „ins Knie geschossen"! (Modell der Firma MM – MANTUA-MODEL)*

Geborgene Segel

Es kann immer noch schlimmer kommen ...! Sieht so manches „aufgegeite“ Segel auf etlichen Modellen nur entschieden falsch aus, so ist manch anderes, „an der Rah geborgene“ Segel, der blanke historisch-modellbauerische Horror! Da hängen sie dann als allzu fette oder auch allzu dünne Würstchen und ruinieren unerbittlich den Eindruck auch des ansonsten noch so optimal gebauten Modells.
Es gibt Modelle auf denen sich geborgene Segel nicht vermeiden lassen (z. B. meine SAVANNAH von 1819 im Deutschen Technikmuseum in Berlin). Aber ich kann jedem Modellbauer eigentlich nur raten, von dieser Darstellungsform die Finger zu lassen, so er sie denn nicht *wirklich* (ggf. ausreichend an Probestücken ausprobiert) beherrscht!
Anbei ein paar modellbauerische Tricks, wie Sie geborgene Modellsegel realistisch darstellen können.

Geborgene Modellsegel

Eines der Hauptprobleme besteht darin, dass auch der feinste Baumwollbatist als Segelstoff bei Modellen unter 1:25 eigentlich maßstäblich erheblich zu dick ist (s. Kap. Segel-Stoff). Was bei gesetzten Modellsegeln letztlich nicht auffällt, das macht sich bei zusammengerollten, geborgenen Segeln in der zu großen Dicke höchst negativ bemerkbar.
Da man am Stoff nun einmal nichts ändern kann, muss man es notgedrungen am Segel selber tun. Und so geht man vor:

1. Der Segelstoff wird – ehe er eingefärbt wird! – gründlich ausgewaschen, damit jegliche Appretur aus ihm verschwindet, was ihn entsprechend geschmeidig macht.
2. Das Segel wird *keinesfalls* (!) mit Stärke, Spannlack oder verdünntem PONAL eingelassen wie andere Segel.
3. Das Segel wird auf den Stoff gezeichnet wie normal. Das untere bei Quersegeln bzw. hintere Ende bei Schratsegeln, wird jedoch um gut die Hälfte gekürzt (s. Skizze). An den Kleidern und den Säumen ändert sich dabei nichts außer den entsprechenden Kürzungen. Dies gilt auch in gleichem Sinne für Dopplungen und Verstärkungen, die entsprechend korrekt in der Breite, ggf. jedoch proportional verkürzt in der Länge aufgezeichnet werden.
4. Das Segel wird entsprechend durchgenäht.
5. Säume werden jedoch nicht umgeschlagen und geklebt. Dopplungen nicht weiter ausgeführt.
6. Das Liektau – man kann es 75 % dünner wählen als eigentlich erforderlich – wird angebracht.
7. Das Segel wird an der Rah angeschlagen.
8. Alle Blöcke und Taue werden in entsprechender Original-Modellbaugröße angebracht.
9. Die Rah wird wie üblich am Mast montiert.
10. Schoten, Halsen, Bulins etc. werden wie bei einem normal gesetzten Segel angebracht, an ihren Belegstellen jedoch noch nicht festgezurrt.

Genau „so“ sollten an der Rah geborgene Segel aussehen – dünn an den Nocken und mit einem deutlichen Bausch in der Mitte, wie dies das Modell der französischen Dampf-Segel-angetriebenen Panzerfregatte LA JEANNE D'ARC *von 1867 zeigt. (Modell im Musée de la Marine, Paris – ein hervorragendes Modell auf einem leider sehr schlechten Museumsfoto)*

11. Zunächst mit Hilfe der Geitaue, dann mit Nock- und endlich Buggordings werden die Segelkanten so eng als möglich an die Rah dichtgeholt.
12. Erst jetzt darf man das Segel entsprechend „aufrollen“.
    Korrekt mit den verschiedenen Takeln zusammengezogen liegt das Segeltuch an den Rahenden sehr dünn, wird aber nach der Rahmitte zu konisch immer dicker bzw. umfangreicher. In der Rahmitte knödelt es sich schließlich

zum so genannten „Bausch“ auf, der im 19. Jahrhundert sogar mit einem extra angeschlagenen „Bauschnetz“ zusammengehalten wurde.

13. Mit den Rattenschwänzen wird das Segel an der Rah festgelascht.
14. Jetzt können auch Taue wie Schoten, Halsen oder Bulins endgültig gesetzt bzw. belegt werden (s. dazu auch Bd. 10 LAUFENDES GUT).

Analog geht man bei geborgenen Schratsegeln vor.
Für geborgene Segel auf Kleinfahrzeugen bieten sich auch hervorragend Papiertaschentücher an (selbstverständlich ohne geprägten Rand und von der Sorte „durchschnäuzfest“).

Die 1862 auf der Werft von John Laird & Co. in Liverpool vom Stapel gelaufene Dampf-Segel-Korvette ALABAMA war das wohl erfolgreichste und berühmteste Schiff der „konföderierten“ Südstaten im amerikanischen Bürgerkrieg.
Das im Rumpf gute und in der Ausrüstung ebenso korrekt wie liebevoll ausgestattete (s. unten) Modell wird leider durch die „wurstförmigen“ und völlig unproportionierten Segel mehr als böse entstellt!
(Modell von MAMOLI, Mailand)

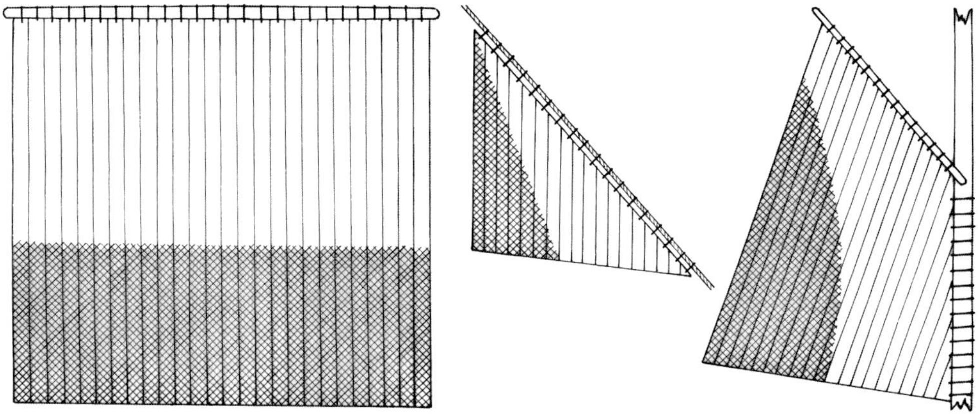

Da auch der feinste Segelstoff objektiv für Modelle noch zu dick ist, macht es absolut Sinn, bei geborgenen Segeln – wo dies wirklich *auffällt – diesen entsprechend zu reduzieren, d. h. die Segel teilweise etwa um die schraffierten Zonen zu kürzen.*

Rattenschwänze

Um das Segel an der Rah festzubinden verwendete man die so genannten „Rattenschwänze“. Es waren dies mehr oder minder lange Tampen (etwa 30 % der Segelhöhe), die man ein- oder zweimal um das zusammengerollte Segel wickelte und dann verknotete. Als Knoten verwendete man einen Achterschlag, allerdings mit der Besonderheit, dass man beim oberen Schlag mit einem Tauende eine Schleife bildete und es wieder durch den Knoten zurückführte – auf diese Weise konnte man später mit einem schnellen Handgriff den Knoten wieder lösen.

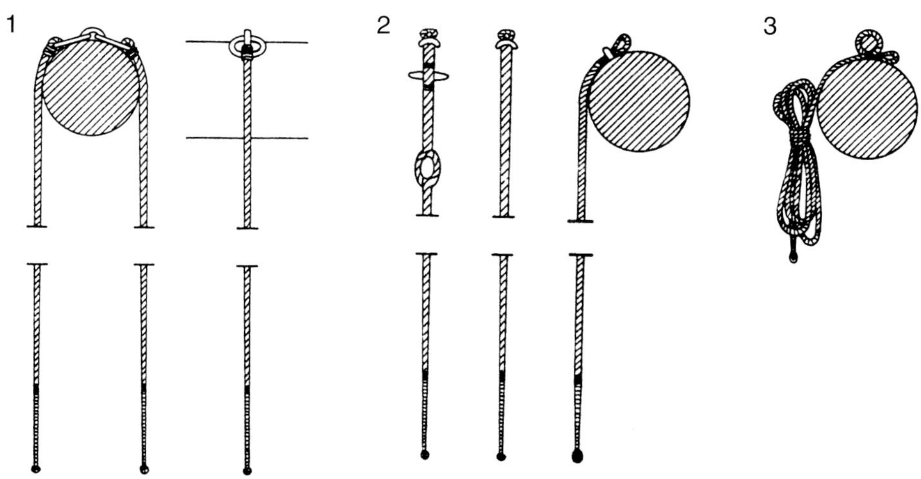

Rattenschwänze: 1. mit Ringen an der Rah vor ca. 1650, 2. mit U-Haken an der Rah bis Mitte 19. Jahrhundert, 3. am Jackstag angeschlagen ab Mitte 19. Jahrhundert.

Im Mittelalter, im Mittelmeer, auf kleineren Schiffen, für Stagsegel und häufig auch Bramsegel verwendete man lose Tampen, welche die Matrosen von Deck mitbrachten und um die Segel schlangen.
Im 16. Jahrhundert begann man dann die Rattenschwänze zunächst an den Unterrahen, ab Mitte des 17. Jahrhunderts auch an den Marsrahen dauerhaft zu befestigen. Bis Mitte des 17. Jahrhunderts zurrte oder spleißte man das obere Ende der Rattenschwänze an zwei auf der Rah befestigten Ringen, so dass die Enden vor und hinter dem Segel herabhingen. Später wurde es üblich, nur noch *vor* dem Segel Rattenschwänze zu fahren. Man schlug kleine U-Krampen etwas vor der Rahmitte in diese ein und zurrte oder spleißte dort die Rattenschwänze fest. Vielfach versah man das obere Ende der Rattenschwänze auch nur mit einem entsprechenden Stopperknoten, damit sie nicht durchrutschen konnten und zog sie so durch die U-Krampen. Das war bequemer und hielt genau so gut. Nach etwa 1850 wurden die Rattenschwänze am Jackstag angeschlagen und in aller Regel zu einem Bündel aufgeschossen.
Wie viele Rattenschwänze pro Segel eingesetzt wurden, hing natürlich zunächst vor allem von der Größe des Segels und der Länge der Rah ab. Die Zahl reicht von einem halben bis zu zwei Dutzend. Dann spielte aber auch noch, wie so oft im Bereich des Tauwerks, die Philosophie des zuständigen Kapitäns eine Rolle (s. Bd. 9 STEHENDES GUT und Bd. 10 LAUFENDES GUT, beide Bände Kap. Taudimensionen).
Rattenschwänze hatten eine durchschnittliche Stärke von etwa 40 bis 50 % des zugehörigen Kopflieks.
Achtung: Auch bei „blanker" Takelage, das heißt völlig abgeschlagenen Segeln, blieben die Rattenschwänze an der Rah hängen, d. h. sie sollten auch auf solch einem Modell durchaus vorhanden und sichtbar sein.
Damit sie nicht kreuz und quer in der Gegend stehen, sollte man Rattenschwänze, wie schon in Kap. Reffe beschrieben, ein wenig mit PONAL am Segel ankleben. Das funktioniert freilich nur bei Rattenschwänzen, welche *vor* dem Segel hängen. Rattenschwänze *hinter* dem Segel (oder auch „blanken" Rahen) müssen *frei* hängen – man kann sie also höchstens etwas mit PONAL tränken und so versteift wenigstens einigermaßen „bändigen". Als Trost mag hierbei gelten, dass auch im Original nicht immer alles so steril-ordentlich war wie dies manche Modellbau-Fundamentalisten gerne hätten.

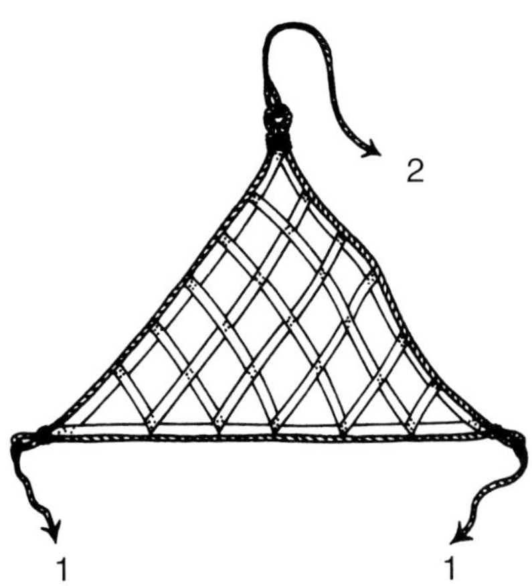

Netz zum Bergen des Segelbausches in der Mitte der Rah im 19. Jahrhundert: 1. Taue seitlich des Rahkörpers hinter dem Segel angeschlagen, 2. Talje durch einen Block an der Mars oder dem Eselshaupt geschoren.

Sonnensegel

Natürlich sind diese keine „Segel“ im eigentlichen Sinn, gehören jedoch irgendwie trotzdem in diesen Band.
Sinn und Zweck der Sonnensegel war es, in klimatisch warmen Gegenden die „besseren Herrschaften“ (sprich Schiffsoffiziere und hochrangige Passagiere) vor allzu heftiger Sonneneinstrahlung zu schützen, damit sie in ihrer seinerzeit für höhere Temperaturen höchst ungeeigneten Kleidung nicht allzu sehr ins Schwitzen kamen. Derlei Sonnensegel schützten freilich nur das Kampagnedeck oder die Pupphütte, wo sich derlei Personen aufzuhalten pflegten.
Lag man in einem entsprechend südlichen Hafen, so wurden mitunter sogar Sonnensegel über dem Großdeck ausgespannt, um auch dem „gemeinen Volk“ entsprechend Schatten zu bieten.
Diese Sonnensegel waren aus leichten, schlicht „weißen“ Leinen-Kleidern zusammengenäht und mit einem dünnen Liektau eingefasst.
Vom späten 15. bis frühen 17. Jahrhundert waren die Decks oftmals mit leichten Lattengerüsten überbaut, welche im Kriegsfall die Enterschutznetze, im Frieden Sonnensegel tragen konnten (s. auch Bd. 4 DIE AUSRÜSTUNG Kap. Enterschutznetze).

Venezianischen Karracke SANTA ELENA um 1510 mit Spierendach.
(Modell von Wolfram zu Mondfeld, Reichling, für AERO-NAUT, Reutlingen)

Sonnensegel einer byzantinischen Staatsgaleere im 14. Jahrhundert. (Zeichnung Wolfram zu Mondfeld, Reichling, nach einer Tür in St. Peter, Rom)

Für den Modellbauer spielt dieser echte Sonnenschutz, von festen Dächern und den ebenfalls fest eingebauten Lattengerüsten abgesehen, keine Rolle, denn diese würden allzu viel des Decks mit seinen Einrichtungen verdecken. Eine Ausnahme ist es natürlich, wenn das spezielle Modell nach einem Sonnensegel verlangt (s. Bd.1 MODELLE UND VORKENNTNISSE Kap. Dargestellte Situation).

Zusammengeschobenes Prunk-Sonnensegel auf einem Gemälde des „Circolo di San´Orsola“ von Vittore Carpaccio, Venedig um 1495. (Darstellung von Björn Landström, Stockholm)

Oben: Über das Tonnengerüst gelegtes Prunk-Sonnensegel der La Capitana von 1571.
(Modell von Wolfram zu Mondfeld, Reichling, für AERO-NAUT, Reutlingen)
Unten: Auf Stangen gespreiztes, rechteckiges Sonnensegel im 17./18. Jahrhundert.
(Zeichnung von Josef Furttenbach, Anfang 17. Jahrhundert)

Sehr wohl spielen auch für den Modellbauer Prunk-Sonnensegel, beispielsweise auf Galeeren, eine höchst bedeutende Rolle! Gerade im Mittelmeer trieb man mit derartigen Sonnensegeln geradezu einen Kult!
Das älteste bekannte Beispiel stammt aus dem 14. Jahrhundert. Es ist ein Bronzerelief auf einer der Türen von St. Peter in Rom, das die Abreise des oströmischen Kaisers Johannes VI. Cantakuzenas aus Byzanz zeigt.
Um 1495 malte der Vittore Carpaccio in Venedig seinen weltberühmten „Circolo di Sant´Orsola". Seine Schiffdarstellungen, auch wenn sie oft nur im Hintergrund erscheinen, zählen zu den besten Dokumenten von Schiffen jener Epoche. Etwas anderes hätten ihm seine venezianischen Auftraggeber auch gar nicht durchgehen lassen ... Unter diesen Darstellungen ist auch eine Trireme „modernster" Bauart mit einem prachtvollen (aktuell zusammengeschobenen) Sonnensegel aus schwerem Damast oder Brokat, das so lang war, dass es zweifellos auf Fahrt noch höchst elegant im Wasser nachschleifte. Björn Landström hat dies in seinem Buch DAS SCHIFF wundervoll nachgezeichnet.
Mitte des 16. Jahrhunderts wurde die Pupp einer Galeere mit einem halbtonnenförmigen Gitterrost überbaut, über den nun das prunkvolle Sonnensegel gebreitet wurde.
Ende des 16. Jahrhunderts spannte man oberhalb dieses Gerüstes auf leichten Stangen ein rechteckiges Sonnensegel auf, sehr schön zu sehen auf einem Stich in der ARCHITECTURA NAVALIS von Josef Furttenbach. Dies blieb dann auch so bis Ende des 18. Jahrhunderts.
Derartige Sonnensegel sind eine echte Herausforderung für jeden Modellbauer. Einige „heiße" Tipps dazu finden Sie in Bd. 2 MATERIAL UND WERKZEUG Kap. Textilien.

Zumal bei West- oder gar Ostindienfahrern wurden im 18. Jahrhundert vielfach hölzerne, fest montierte Sonnenschutzdächer auf der Pupp eingebaut.
(Zeichnung von Fredrik Henrik af Chapman, Schiffeskonstrukteur, in seiner ARCHITECTURA NAVALIS MERCATORIA von 1775, Stockholm)

Windsack

Er war der Vorläufer der fest montierten Lüfter, die im 19. Jahrhundert zunehmend in Gebrauch kamen.
Der Windsack war ein langer Tuchschlauch, der an der Unterrah aufgehängt wurde und mit seinem oberen, offenen Ende ein wenig Luft einfangen und in die unteren Decks leiten sollte.
Für den Modellbauer ist der Windsack weitgehend irrelevant, es sei denn dieser möchte sein Schiff in einem südlichen Hafen vor Anker oder gnadenlos in einer Flaute festliegend darstellen. Tatsächlich kenne ich nur ein einziges Modell, das solch einen Windsack zeigt. Immerhin sollte er trotzdem in diesem Band erwähnt werden.
Näheres zum Thema s. Bd. 6 SICHTBARE SCHIFFSMASCHINEN Kap. Lüfter.

Das französische 64-Kanonen-Linienschiff L' ACHILLE vom Ende des 18. Jahrhunderts liegt in einer Flaute. An der Großrah hängt ein Windsack, um wenigstens etwas Luft in die unteren Decks zu bringen.
(Modell im Musée de la Marine, Paris)

Firmenliste

Für diesen Band besonders relevante Firmen (die Anschriften s. Bd. 2 MATERIAL UND WERKZEUG S. 156 ff.).

„aero-naut"-Modellbau
Vor allem für Blöcke, Jungfern, Klampen und andere Beschlagteile äußerst interessant.

ACKERMAN
Die Garne unter dem Markennamen „Rasant" in den verschiedensten Stärken sind optimal für dünne und dünnste Taue. Leider vielfach nur im Spezialhandel unter Schwierigkeiten zu bekommen – doch Beharrlichkeit lohnt sich da!

Citadel-Colour
Ideal zum Färben von Blöcken usw., selbst wenn diese aus Kunststoff sind.

CLOU
Die Beizen sind allenfalls bei „gelohten" Segeln einsetzbar.

DEKA
Zum Einfärben von größeren Stoffmengen wie Segeln eignet sich besonders „DEKA-Textilfarbe".

Graupner
Liefert die eindeutig besten Modelltaue, auch wenn diese natürlich noch entsprechend eingefärbt werden müssen.

Gütermann
Stellt Nähseiden in jedem gewünschten Farbton her.

Henkel
PONAL ist „das" Klebemittel für Textilien wie etwa Segel, Liektaue oder zur Sicherung von Zurrings.

KRICK
Ebenfalls ein hervorragender Lieferant für Blöcke und dergleichen.

Revell
Die Emailfarben eigen sich besonders zum Einfärben von kleinen Kunststoffteilen.

Bildernachweis

Augsburg, Werner Zimmermann: 29, 51, 55, 58, 59, 73, 96, 115, 116, 135 oben rechts
Berlin, Deutsches Technikmuseum: 9 (Foto René Paetow)), 23, 56, 57 (Foto C. Kirchner), 70, 75, 105, 124
Berlin, Thomas Feige Archiv: 88
Karlsruhe, Landesbibliothek: 79
Knittlingen, KRICK: 24, 36
London South Kensington, Science Museum: 122
Mailand, MAMOLI: 138
Mantua, Mantua-Model: 135 unten
Mataró-Barcelona, OCIO CREATIVO: 126, 129
Milano, COREL: 15, 93
Milano, Mamoli: 131
Paris, Musée de la Marine: 127, 137, 145
Reichling, Wolfram zu Mondfeld (s. a. Berlin, Deutsches Technikmuseum): Modelle 9 (Foto René Paetow), 23, 56, 57 (Foto C. Kirchner), 70, 75, 105, 124, 141, 143 oben. Alle Zeichnungen und sonstige Abbildungen, so nicht anders ausgewiesen.
Reutlingen, AERO-NAUT-MODELLBAU: 24, 34, 37, 40, 52, 54, 72, 141, 143 oben
Stockholm, Fredrik Henrik af Chapman „Architectura Navanlis Mercatoria“: 144
Stockholm, Björn Landström „Das Schiff“: 142 unten
Ulm, Josef Furttenbach „Architectura navalis“: 143 unten

Aus unserem Buchprogramm

Richard Wagner / Manfred Wilske

Flugzeugträger GRAF ZEPPELIN

• Das Original • Das Modell • Die Flugzeuge

Der nicht vollendete Flugzeugträger GRAF ZEPPELIN, der erste und einzige deutsche Flugzeugträger überhaupt, beschäftigt seit Jahrzehnten gleichermaßen Historiker und Schiffsliebhaber. Auch oder gerade bei den Schiffsmodellbauern genießt die GRAF ZEPPELIN deshalb großes Interesse. Dieses Buch entstand aus der jahrelangen Beschäftigung mit dem Nachbau eines Modells der GRAF ZEPPELIN im Maßstab 1:100. Die Beschäftigung mit dem Original und der Bau des Schiffsmodells führten zu vielen Erkenntnissen über technische Sachverhalte und mögliche Funktionsabläufe. Somit beschreibt dieses Buch nicht nur ausführlich den Bau des derzeit wohl einzigen, stimmigen Modells der GRAF ZEPPELIN, sondern liefert auch umfangreiches Hintergrundwissen zu Konzeption, Planung, Bau und Geschichte des Originals.

Die zweite Hälfte des Buches befasst sich intensiv mit den verschiedenen, für die deutschen Flugzeugträger geplanten bzw. projektierten Flugzeugen, ihrer Technik und Erprobung sowie dem Bau der entsprechenden Flugzeugmodelle.

Umfang:	164 Seiten	**Best.-Nr.:**	**127**
Abbildungen:	322, meist farbig	**Preis:**	**€ 28,– [D]**

Dieter Michael Krone

Krones kleines Handbuch der Papierfliegerei

In Dieter Michael Krone steckt ein „homo ludens", ein spielender Mensch. Seine größte Leidenschaft: Papierflieger. Er faltet schon seit einer halben Ewigkeit, was das Material hergibt. Nun hat er sein geballtes Wissen – wie könnte es auch anders sein – zu Papier gebracht. Denn ganz ohne Übung, Erfahrung und Wissen sind dem Spaß frühe Grenzen gesetzt. Wie komplex und anspruchsvoll man die Papierfliegerei betreiben will, das muss jeder für sich selbst entscheiden, aber dieses Buch öffnet einem die ganze Welt der leicht anzufertigenden und praktisch kostenlosen Flugobjekte.

Umfang 216 Seiten, 16 Faltanleitungen
Best.-Nr. 698 Preis € 19,90 [D]

Neckar-Verlag GmbH • D-78045 Villingen-Schwenningen
Tel. 0 77 21/89 87-0 (Fax -50) • E-Mail: bestellungen@neckar-verlag.de • www.neckar-verlag.de